Ricardo Fernández

# Sistema de Suspensión Neumática Controlada Electrónicamente

Ricardo Fernández

# Sistema de Suspensión Neumática Controlada Electrónicamente

## La evolución de los Sistemas Automotrices

Editorial Académica Española

**Imprint**
Any brand names and product names mentioned in this book are subject to trademark, brand or patent protection and are trademarks or registered trademarks of their respective holders. The use of brand names, product names, common names, trade names, product descriptions etc. even without a particular marking in this work is in no way to be construed to mean that such names may be regarded as unrestricted in respect of trademark and brand protection legislation and could thus be used by anyone.

Cover image: www.ingimage.com

Publisher:
Editorial Académica Española
is a trademark of
International Book Market Service Ltd., member of OmniScriptum Publishing Group
17 Meldrum Street, Beau Bassin 71504, Mauritius

Printed at: see last page
ISBN: 978-620-2-11892-7

Copyright © Ricardo Fernández
Copyright © 2018 International Book Market Service Ltd., member of OmniScriptum Publishing Group
All rights reserved. Beau Bassin 2018

# CAPÍTULO I

# GENERALIDADES

## 1.1 Introducción

En la actualidad la tecnología avanza día a día y la perspectiva de los fabricantes de automóviles, difiere de épocas anteriores, en las cuales se centraban en la evolución de motores más rápidos y de mayor potencia.

A diferencia de lo anteriormente mencionado, hoy prima la seguridad de los ocupantes del automotor, por lo que se han implementado sistemas que se denominan de seguridad pasiva (Airbag, Cinturón de Seguridad, Chasis y Carrocería) y activa (ABS, Suspensión Contralada Electrónicamente, Control de Tracción), el primero basado en reducir al mínimo los daños que se pueden producir cuando un accidente es inevitable y el segundo que consta de aquellos elementos que contribuyen a proporcionar una mayor eficiencia y estabilidad al vehículo en marcha, y en la medida de lo posible, evitar un accidente, uno de los varios sistemas que comprende la seguridad activa de un automotor es el sistema de suspensión, el cual además de ser un sistema que ayuda a controlar las ruedas del vehículo en contacto con el suelo, también se encarga de proporcionar estabilidad al vehículo, además de confort a los ocupantes del mismo.

La evolución de los sistemas de suspensión avanza paralelamente con la evolución de los vehículos. Se implementaron primero sistemas de suspensión simples que únicamente constaban de ballestas, el cual mejoró el confort en el vehículo, pero surgieron varios problemas con la implementación de este sistema, uno de estos fue que el vehículo perdía estabilidad, entonces se introdujeron los resortes helicoidales y las barras de torsión y de igual forma que en el sistema de ballestas existieron problemas relacionados con la estabilidad, entonces se fabricaron amortiguadores, que se encargaban de absorber vibraciones y oscilaciones producidas por otros elementos que componen el sistema de suspensión.

En la actualidad aún se implementan varios de estos elementos que componen el sistema de suspensión en un vehículo, pero según avanza la tecnología y se realizan varios estudios se van incorporando otros sistemas de suspensión comandados electrónicamente que ayudan a mejorar el confort y la estabilidad del vehículo dentro del cual se cita el sistema de suspensión neumática.

## 1.2 Justificación

El sistema de suspensión neumático pretende aumentar el nivel de confort para los ocupantes del vehículo, también se logra que un mismo vehículo tenga el mejor desempeño en distintos tipos de caminos, de esta manera se puede evitar que el vehículo se estropee al transitar por caminos de segundo o tercer orden.

Otra aplicación importante que se puede destacar de este tipo de sistema de suspensión es que no varía su altura a pesar de la carga que en el automotor se aplique, generando de esta manera mayor seguridad en la conducción.

Podemos apreciar también entre las bondades de este sistema la reducción del desgaste de los neumáticos ya que estos tienen un mejor contacto con la calzada, de esta manera se puede alargar  su vida útil, siendo esto muy importante ya que generaría un ahorro debido a que los periodos de cambio de neumáticos se alargarían.

La implementación de sistemas de seguridad en los vehículos es inevitable por lo que los antiguos sistemas van quedando obsoletos, uno de ellos es el sistema de suspensión. Hoy en día existen varios aditamentos adicionales al sistema de suspensión tradicional, que mejoran el funcionamiento del mismo. Uno de ellos es la incorporación de los sistemas de suspensión neumática, el mismo que consta de un sistema de control electrónico comandado por una unidad de control electrónica (ECU) y un sistema de control neumático que trabaja por medio de aire comprimido.

El desarrollo de este proyecto es importante, ya que la suspensión controlada electrónicamente en el medio ecuatoriano es una tecnología nueva, que puede revolucionar tanto el confort como la seguridad de los ocupantes de un automotor, y además puede ayudar a que la carga llegue en óptimas condiciones a su destino.

Existen varios factores como las imperfecciones de la carretera, el manejo inadecuado de muchos conductores, en ocasiones el conductor del vehículo no conoce el estado de la carretera y no existe una señalización adecuada, por lo que existe el riesgo de sufrir accidentes de tránsito, debido a que puede haber una curva demasiado cerrada que le obligaría a maniobrar el vehículo de manera abrupta creando una fuerza inercial al momento de tomar la curva, y un sistema de suspensión tradicional del auto no alcanza el 100% de eficiencia, pese a que la suspensión se encuentre en buenas condiciones. Por ejemplo, al tomar una curva a la derecha, la parte delantera izquierda del auto "baja" al suelo por la presión ejercida sobre ésta, mientras que la llanta trasera derecha "se levanta" del piso.

Debido a esto, la estabilidad del auto es menor que si tuviese las cuatro ruedas al mismo nivel, por la menor fuerza de rozamiento que ofrece el suelo. Entonces el objetivo de la suspensión neumática es mantener el auto lo más estable posible; a simple vista, tener las cuatro ruedas a la misma altura respecto al piso en cualquier situación, logrando un aumento de estabilidad del vehículo.

Conociendo este problema se ha visto la necesidad de encontrar una solución para lo cual se plantea el plan de tesis a fin de obtener un desarrollo académico y social con la aplicación de técnicas y métodos en la implementación del sistema de suspensión neumática controlado electrónicamente en un banco didáctico para el Laboratorio de Mecánica de Patio de la Universidad de las Fuerzas Armadas ESPE extensión Latacunga, se pretende brindar una herramienta que permita consolidar los conocimientos en el área de los sistemas automotrices del automotor.

**1.3 Objetivos**

**1.3.1 Objetivo General**

- Diseñar y construir un banco de pruebas de suspensión neumática controlado electrónicamente, para el Laboratorio de Mecánica de Patio de la Universidad de las Fuerzas Armadas ESPE extensión Latacunga.

**1.3.2 Objetivos Específicos**
- Diseñar la estructura del banco de suspensión neumática.

- Construir la estructura del banco de pruebas de suspensión neumática.
- Adaptar los elementos de la suspensión neumática
- Ensamblar el circuito electrónico de la unidad de mando de la suspensión neumática.
- Implementar el módulo de control electrónico en el banco de pruebas de suspensión neumática.
- Comprobar la funcionalidad del banco de pruebas de suspensión neumática.

# CAPITULO II
# FUNDAMENTO TEÓRICO

## 2.1. Sistema de suspensión

La suspensión de un vehículo tiene como cometido "absorber" las desigualdades del terreno sobre el que se desplaza, a la vez que mantiene las ruedas en contacto con el pavimento, proporcionando a los pasajeros un adecuado nivel de confort y seguridad de marcha, y protegiendo la carga y las piezas del automóvil.

El peso del vehículo se descompone en dos partes denominadas: masa suspendida, la integrada por todos los elementos cuyo peso es soportado por el bastidor o chasis, y masa no suspendida, constituida por el resto de los componentes. El enlace entre ambas masas lo materializa la suspensión.

El sistema está compuesto por un elemento flexible (muelle de ballesta o helicoidal, barra de torsión, estabilizador, muelle de goma, gas o aire), y un elemento de amortiguación (amortiguador), cuya misión es neutralizar las oscilaciones de la masa suspendida originadas por el elemento flexible al adaptarse a las irregularidades del terreno. En la figura 2.1 puede observarse la disposición del conjunto de la suspensión delantera y trasera de un vehículo pequeño.

Son elementos auxiliares o complementarios del sistema de suspensión, los neumáticos y los asientos.[1]

---

[1] Arias Paz, M, "Manual de automóviles", España, (2012), pp. 121

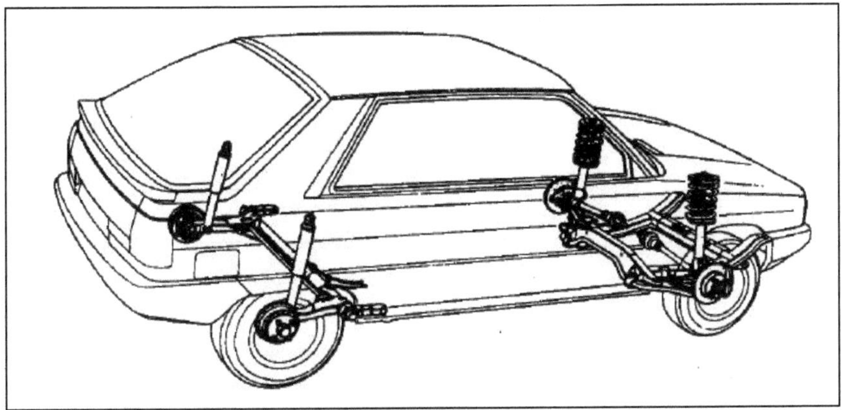

Figura 2.1: Disposición del conjunto de suspensión delantera y trasera

Fuente: Manual de Camiones y Vehículos Pesados

## 2.1.1 Misión del sistema de suspensión

La finalidad de la suspensión es la de permitir el control de la trayectoria del vehículo gracias a la calidad del contacto rueda-suelo, asegurando la estabilidad en cualquier circunstancia. También ha de garantizar el confort de los ocupantes y de los objetos transportados adaptándose a cualquier superficie. Además también es necesario que cumpla con otras funciones complementarias:

- Transmitir las fuerzas de aceleración y de frenada entre los ejes y el chasis.
- Resistir el par motor y de frenada
- Resistir los efectos de las curvas
- Conservar el ángulo de dirección en todo el recorrido
- Conservar el paralelismo entre los ejes y la perpendicular del chasis
- Soportar la carga del vehículo

Figura 2.2: Suspensión de un turismo; 1. Neumáticos, 2. Resortes, 3. Resortes de los asientos.

Fuente: Manual de Camiones y Vehículos Pesados

Cuando un vehículo pasa sobre un resalte o sobre un hoyo, se produce un golpe sobre la rueda, que se transmite por medio de los ejes al chasis y que se traduce en oscilaciones.

Una mala conducción o un reparto desequilibrado de las cargas pueden también originar oscilaciones.

Estos movimientos se generan en el centro de gravedad del vehículo y se propagan en distintos sentidos. Los tres tipos de oscilaciones existentes los podemos ver en la figura 2.3, y son:

- Empuje: se produce al pasar por terreno ondulado (a)
- Cabeceo: se produce por frenadas bruscas (b)
- Bamboleo: se genera al tomar curvas a alta velocidad (c)[2]

---

[2] Garcés, M. (2012). Diseño y Construcción del Sistema de Suspensión para un Vehículo tipo Formula Student, pp. 23

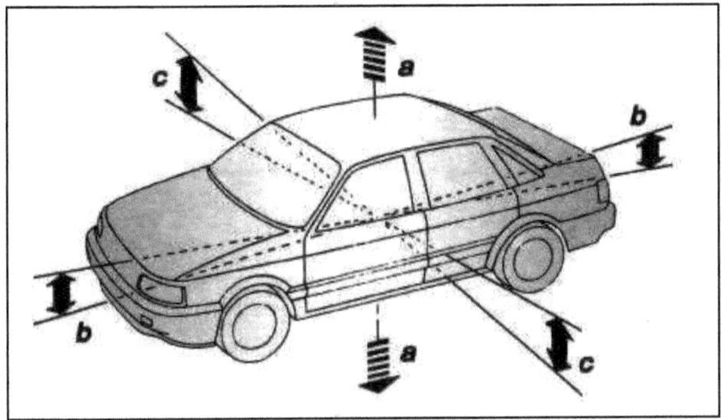

Figura 2.3: Diferentes oscilaciones en un vehículo turismo.

Fuente: Manual de Camiones y Vehículos Pesados

## 2.1.2 Componentes del sistema de suspensión

Los elementos del sistema de suspensión son aquellos que están interpuestos entre las masas suspendidas y las masas no suspendidas. Por su construcción deben ser elásticos y deformables para poder absorber las irregularidades de la superficie donde el vehículo se mueva, y la amplitud de estas deformaciones tiene que estar limitado en un intervalo definido.

Las masas suspendidas son una parte de la masa total del vehículo la cuál es soportada por la suspensión, incluyendo en algunos casos aproximadamente la mitad del peso de la suspensión misma. Las masas suspendidas típicamente incluyen el chasis, la carrocería y los componentes de los sistemas del vehículo.

Por su parte las masas no suspendidas son las masas de la suspensión, ruedas y en algunos casos los ejes, y los demás componentes conectados directamente a estos, pero que no están soportados por la suspensión. Las masas no suspendidas incluyen la masa de los componentes como ejes de rueda, rodamientos de rueda, neumáticos y una parte del peso de los cardanes, resortes, amortiguadores, y los brazos de la suspensión. También si los frenos están montados en las ruedas, su masa es considerada parte de las masas no suspendidas[3].

### 2.1.2.1 Ballestas

Estos elementos, como todos los muelles, tienen excelentes propiedades elásticas pero poca capacidad de absorción de energía mecánica, por lo que no pueden ser montados solos en la suspensión; necesitan el montaje de un elemento que frene las oscilaciones producidas en su deformación.

Debido a esto, los resortes se montan siempre con un amortiguador de doble efecto.

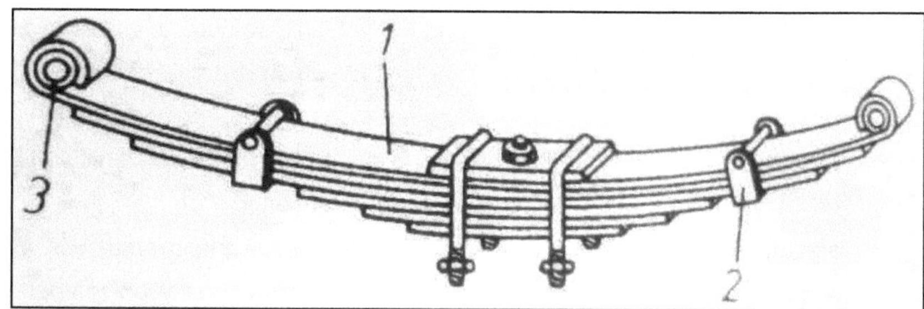

Figura 2.4: Composición de una ballesta 1. Hoja maestra 2. Abrazaderas 3. Casquillos

Fuente: Manual de Camiones y Vehículos Pesados

[3] Garcés, M. (2012). Diseño y Construcción del Sistema de Suspensión para un Vehículo tipo Formula Student, pp. 35

Las ballestas están constituidas por un conjunto de hojas o láminas de acero especial para muelles, unidas mediante unas abrazaderas (2) que permiten el deslizamiento entre las hojas cuando éstas se deforman por el peso que soportan. La hoja superior (1), llamada hoja maestra, va curvada en sus extremos formando unos ojos en los que se montan unos casquillos de bronce o de goma (3) para su acoplamiento al soporte del bastidor por medio de unos pernos o bulones.

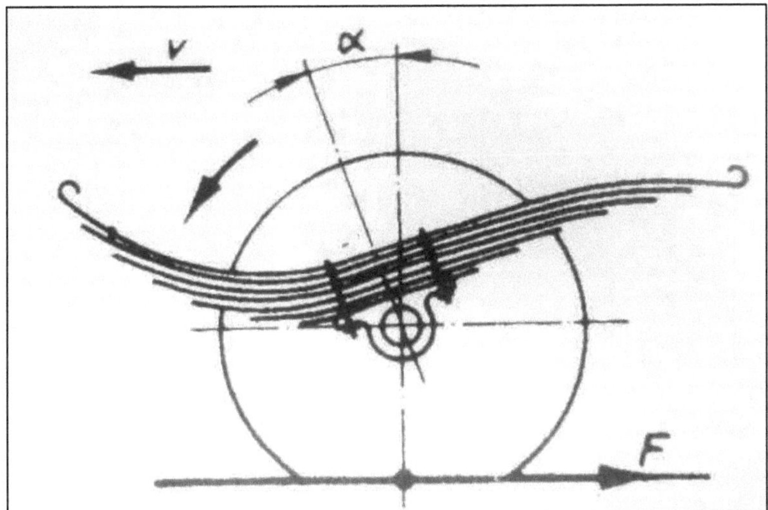

Figura 2.5: Esfuerzos que Concurren en una Ballesta.

Fuente: Manual de Camiones y Vehículos Pesados

El número de hojas y el espesor de las mismas están en función de la carga que han de soportar. Funcionan como muelles de suspensión, haciendo de enlace entre el eje de las ruedas y el bastidor.

En camiones, además de servir de elementos de empuje, absorben con su deformación longitudinal la reacción en la propulsión y ejercen de elementos de guiado.

**Tipos de ballestas**

Las ballestas pueden clasificarse en dos grandes tipos:
- Semielípticas.
- Parabólicas.

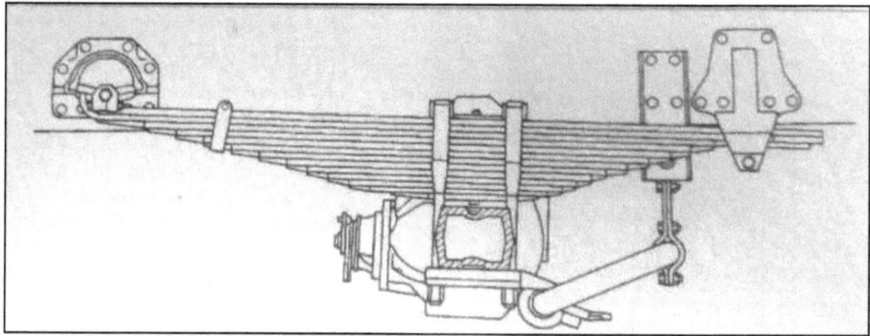

Figura 2.6: Ballesta con Hojas Semielípticas.

Fuente: Manual de Camiones y Vehículos Pesados

Las ballestas Semielípticas se llaman así porque sus hojas forman parte de una elipse imaginaria.

Se caracterizan y distinguen por tener las hojas unas en contacto con las otras formando un paquete, que precisa lubricación periódica. Las ballestas parabólicas tienen hojas con forma de parábola. Se distinguen porque sus hojas no se tocan entre sí, existiendo un espacio importante entre unas y otras. Para compactar las hojas y hacer un conjunto de todas ellas, se intercalan entre ellas unos separadores de material compuesto o nylon.

Las hojas de las ballestas parabólicas son de grosor superior al de las ballestas elípticas. Actualmente son las más utilizadas.
Las ballestas elípticas tienen el inconveniente del rozamiento entre sus hojas, rozamiento que, al ser constante, exige una lubricación periódica con grasa entre hoja y hoja.

Si esta lubricación no se atiende, las hojas se "comen" literalmente entre si y acaban rompiéndose las hojas. En vehículos para grandes cargas se siguen utilizando por su robustez.

En las ballestas parabólicas este problema no existe, puesto que no hay contacto entre hoja y hoja,) el mantenimiento es nulo. Por otro lado, la ballesta parabólica posee una flexibilidad mayor y esto redunda en la comodidad del conductor.

### 2.1.2.2 Muelles

**Muelles helicoidales**

Estos elementos mecánicos se utilizan sólo en furgonetas y vehículos ligeros y no tienen aplicación en camiones de carga.

Consisten en un arrollamiento helicoidal de acero elástico formado con hilo de diámetro variable; este diámetro varía en función de la carga que tienen que soportar; las últimas espiras son planas para facilitar el asiento del muelle sobre sus bases de apoyo.

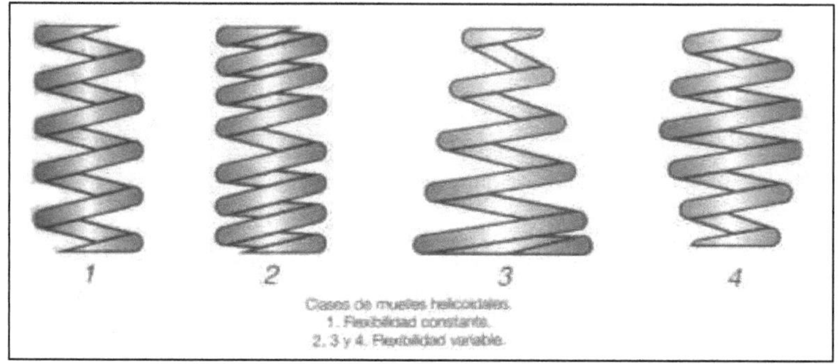

Figura 2.7: Muelles helicoidales

Fuente: Manual Práctico del Automóvil: Reparación y Mantenimiento

No pueden transmitir esfuerzos laterales, y requieren, por tanto, en su montaje bielas de empuje lateral y transversal para la absorción de las reacciones de la rueda.

Trabajan a torsión, retorciéndose proporcionalmente al esfuerzo que tienen que soportar, acortando su longitud y volviendo a su posición de reposo cuando cesa el efecto que produce la deformación.

La flexibilidad de estos resortes está en función del número de espiras, del diámetro del resorte, del paso entre espiras, del espesor o diámetro del hilo, y de las características del material, pudiéndose conseguir una flexibilidad progresiva con diferentes diámetros de enrollado por medio de muelles helicoidales cónicos, o con muelles adicionales.

Esta última disposición es la más conveniente. Con ella se consigue obtener una suspensión de flexibilidad variable en el vehículo.

En efecto, cuando éste circule en vacío, sólo trabaja el muelle principal, y cuando la carga es capaz de comprimir el muelle hasta hacer tope con el auxiliar se tiene un doble resorte, que, trabajando conjuntamente, soporta la carga sin aumentar la deformación, dando mayor rigidez al conjunto.

Las espiras de un muelle helicoidal no deben, en su función elástica, hacer contacto entre sus espiras; es decir, que la deformación tiene que ser menor que el paso del muelle por el número de espiras.

De ocurrir lo contrario, cesa el efecto del muelle y entonces las sacudidas por la marcha del vehículo se transmiten de forma directa al chasis.

## 2.1.2.3 Barras de torsión

Este tipo de resorte tiene las mismas aplicaciones que los muelles helicoidales, pero no se utiliza en camiones. Está basado en el principio de que si a una varilla de acero elástico sujeta por uno de sus extremos se le aplica por el otro un esfuerzo de torsión, esta varilla tenderá a retorcerse, volviendo a su forma primitiva por su  elasticidad cuando cesa el esfuerzo de torsión. El montaje de estas barras sobre el vehículo se realiza fijando uno de sus extremos al chasis o carrocería, de que no pueda girar en su soporte y en el otro extremo se coloca una palanca solidaria unida en su extremo libre al eje de la rueda. Cuando ésta suba o baje por defecto de las desigualdades del terreno, se producirá en la barra un esfuerzo de torsión cuya deformación elástica permite el movimiento de la rueda. Las barras de torsión se suelen disponer paralelamente al eje longitudinal del bastidor[4].

---

[4] Extraído de Camiones y Vehículos Pesados, Gabriel Cuesta. Ed. Cultural. 2003, pp. 46

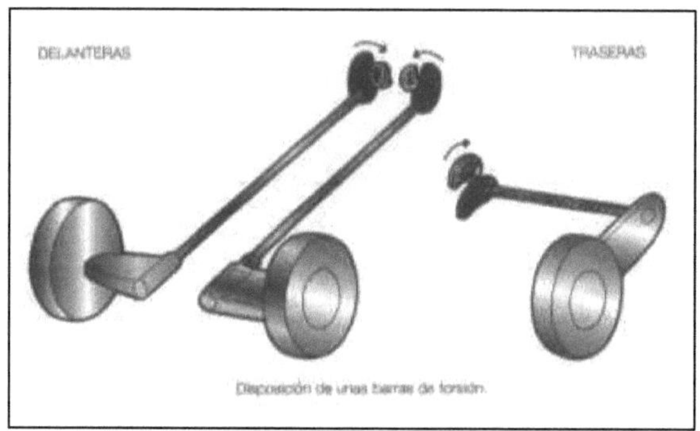


Figura 2.8: Barra de Torsión

Fuente: Manual Práctico del Automóvil: Reparación y Mantenimiento

## 2.1.2.4 Barra estabilizadora

La barra estabilizadora es un componente de la suspensión que permite solidarizar el movimiento vertical de las ruedas opuestas, minimizando con ello la inclinación lateral que sufre la carrocería de un vehículo cuando es sometido a la fuerza centrífuga, típicamente en curvas.

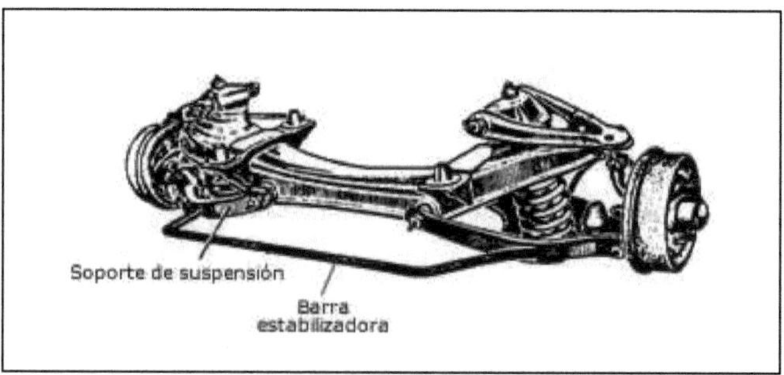


Figura 2.9: Barra Estabilizadora

Fuente: http://www.aficionadosalamecanica.net

La barra estabilizadora, al ser un componente elástico, transfiere parte de la fuerza de extensión de la suspensión asociada a la rueda interna, hacia la rueda externa. Esto produce un efecto de endurecimiento de la suspensión asociada a la rueda externa, con la consiguiente disminución de la compresión que sufre y por ende una menor inclinación de la carrocería del vehículo[5].

Tipos:

- Suspensión rígida
- Suspensión semirrígida
- Suspensiones independientes

### 2.1.2.5 Cojinetes elásticos

Los cojinetes elásticos son elemento de caucho que permite la unión de los componentes de la suspensión facilitando un pequeño desplazamiento, Su montaje suele realizarse, mediante bridas o casquillos metálicos.

Con el fin de minimizar la vibración, desgaste y transmisión de ruidos frecuentemente incorporan material flexible así como goma o poliuretano.

Estos bujes o cojinetes elásticos frecuentemente toman la forma de un cilindro anular de material flexible adentro de un casquillo o tubo exterior. También pueden tener un tubo interno para impedir que se aplaste el material flexible. Existen muchos tipos de diseños.

Otro tipo de buje es aquel que contiene un orificio con cuerda endurecido que permite que un ensamble pueda ser fijado a otro a través de un tornillo.

---

[5] Extraído de http://es.wikipedia.org/wiki/Barra_estabilizadora 2014-02-13

El uso de un buje puede hacer el proceso de ensamble más sencillo ya que evita la necesidad de una roldana y tuerca en el lado opuesto del material fijado. Los bujes pueden ser insertados en un material en lámina a través de riveteado[6].

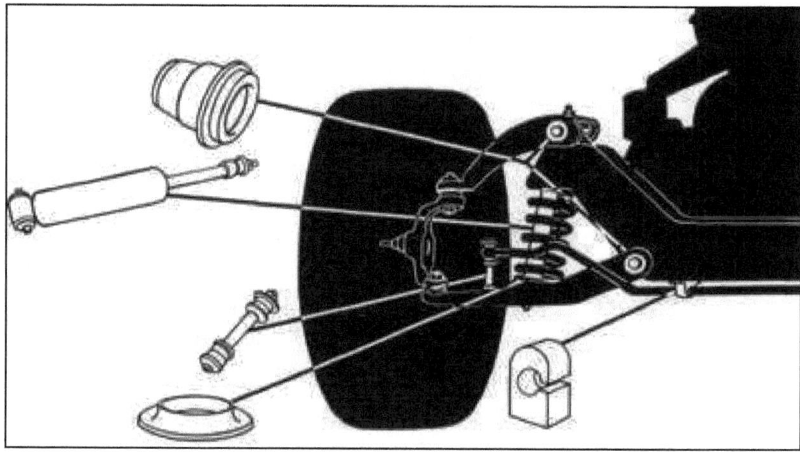

Figura 2.10: Ubicación de los Cojinetes elásticos de la suspensión

Fuente: http://www.aficionadosalamecanica.net

### 2.1.2.6 Rótulas

Las rótulas constituyen un elemento de unión y fijación de la suspensión y de la dirección, que permite su pivotamiento y giro manteniendo la geometría de las ruedas.

La fijación de las rótulas se realiza mediante tornillos o roscados exteriores o interiores.

---

[6] Extraído de http://es.wikipedia.org/wiki/Buje 2014-02-13

Permiten la acción oscilatoria entre el extremo de los brazos de control, para el movimiento de la suspensión hacia arriba y hacia abajo para la acción de viraje del automóvil[7].

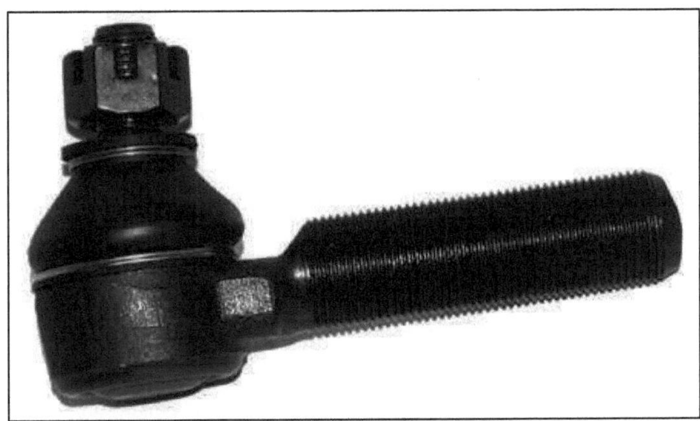

Figura 2.11: Vista Real de una Rótula de Suspensión

Fuente: http://www.euro4x4parts.com

### *2.1.2.7 Manguetas y Buje*

La mangueta de la suspensión es una pieza fabricada con acero o aleaciones que une el buje de la rueda y la rueda a los elementos de la suspensión, tirantes, trapecios, amortiguador, etc.

La mangueta se diseña teniendo en cuenta las características geométricas del vehículo. En el interior del buje se montan los rodamientos o cojinetes que garantizan el giro de la rueda.

---

[7] SANTANDER RUEDA, J., "Técnico en Mecánica y Electrónica Automotriz". Colombia: Diseli, 2005, pp. 378

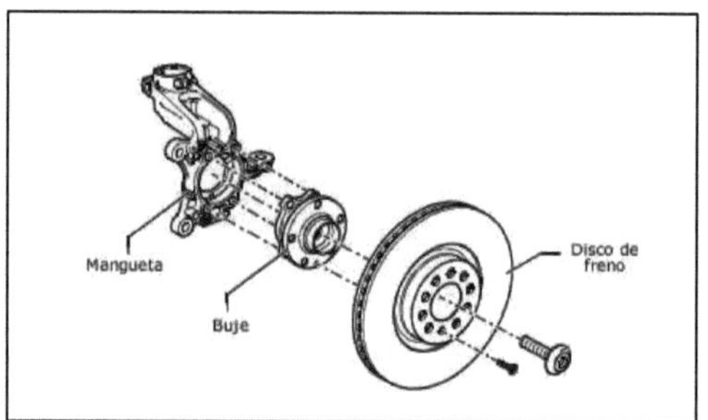



Figura 2.12: Mangueta

Fuente: suspensionautomotriz1993.blogspot.com

### *2.1.2.8 Trapecios o Brazos*

Son brazos articulados fabricados en fundición o en chapa de acero embutida que soportan al vehículo a través de la suspensión. Unen la mangueta y su buje mediante elementos elásticos (Silentblocks) y elementos de guiado (rótulas) al vehículo soportando los esfuerzos generados por este en su funcionamiento.

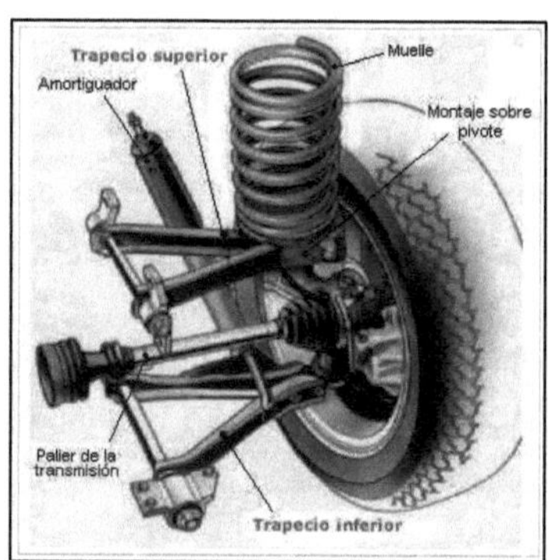



Figura 2.13: Trapecios o Brazos de la Suspensión

Fuente: http://www.aficionadosalamecanica.net

## *2.1.2.9 Amortiguadores*

La misión de los amortiguadores es la de atenuar rápidamente las oscilaciones de la carrocería del automovil (comodidad), disminuir las variaciones de carga dinámica de la rueda y evitar que salten sobre el suelo de marcha (seguridad de marcha)[8].

El amortiguador se encarga de transformar la energía cinética provocada por las oscilaciones de la rueda en calor.

La transformación se realiza a través de la resistencia al flujo de los líquidos, que actúa como un freno a las oscilaciones.

Un amortiguador es básicamente un cilindro con un pistón que se mueve dentro de él. El pistón posee unas aberturas u orificios internos.

El líquido o fluido hidráulico es empujado a través de los orificios a medida que el pistón se mueve dentro del cilindro. Lo cual permite al fluido hidráulico que entre en la cámara de compresión y la cámara de rebote. Hay un tubo de reserva alrededor de la parte externa del cilindro de aplicación en la mayoría de amortiguadores.

Una válvula de toma de compresión ente el cilindro de aplicación y la cámara de reserva controla el flujo de fluido hidráulico entre ellos.

El pistón es empujado hacia abajo dentro del cilindro durante la compresión y hacia arriba durante el rebote. La energía absorbida por el amortiguador se convierte en calor, el cual calienta el fluido hidráulico.

---

[8] GIL MARTINEZ, H., "Manual Práctico del Automovil: Reparación y Mantenimiento". España: Cultural S.A, pp. 914

El calor pasa a través del compartimiento y se dirige hacia el aire alrededor del amortiguador.

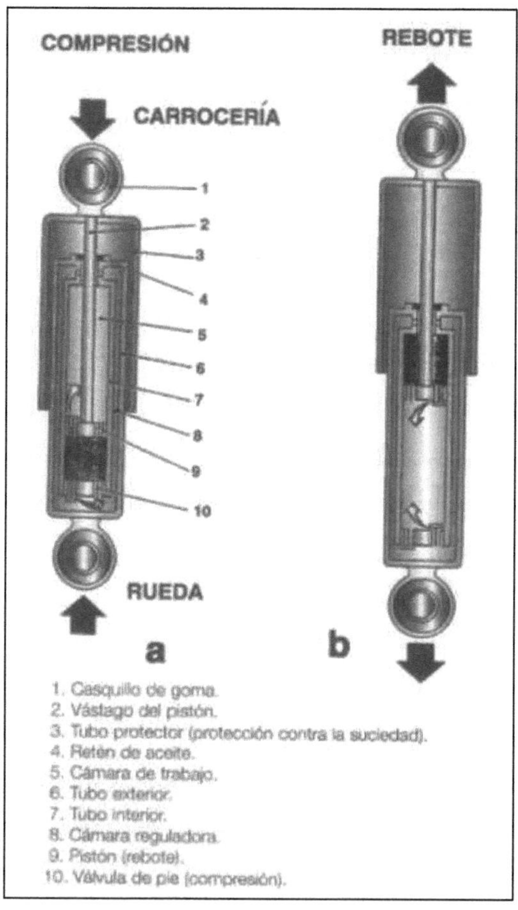


Figura 2.14: Amortiguadores

Fuente: Manual Práctico del Automovil: Reparación y Mantenimiento

Existen numerosos tipos de amortiguadores, los más utilizados son:

- Los amortiguadores hidráulicos convencionales (monotubo y bitubo)
- Los amortiguadores monotubo a gas de alta presión
- Los amortiguadores bitubo a gas de baja presión

### 2.1.2.9.1 Amortiguadores hidráulicos convencionales

Son aquellos en que la fuerza de amortiguación, para controlar los movimientos de las masas suspendidas y no suspendidas se obtiene forzando el paso de un fluido a través de unos pasos calibrados, de apertura diferenciada con el fin de obtener la flexibilidad necesaria para el control del vehiculo en diferentes estados. De esta forma la energía cinética se transforma en energía térmica que se disipa en la atmosfera en forma de calor.

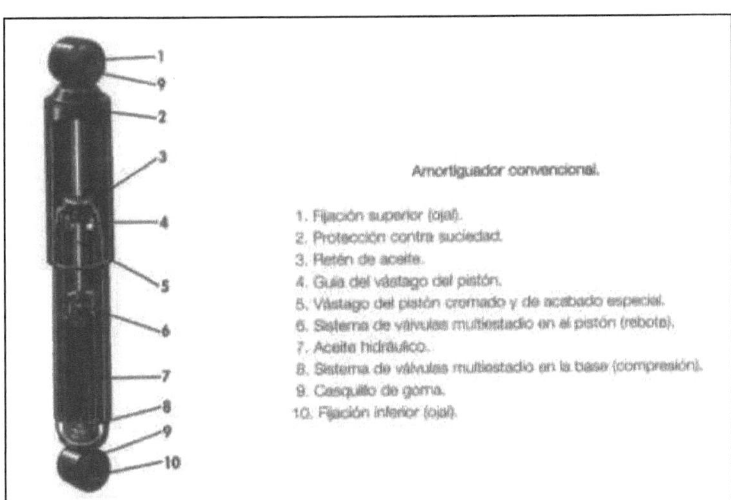


Figura 2.15: Amortiguador Hidráulico Convencional

Fuente: Manual Práctico del Automovil: Reparación y Mantenimiento

## 2.1.2.9.2 Amortiguadores monotubo a gas

Estos amortiguadores trabajan bajo el mismo principio básico que los hidráulicos, pero contienen en uno de sus extremos nitrógeno a alta presión (aproximadamente 25 bares).

Un pistón flotante separa este gas del aceite impidiendo que se mezclen y cuando el aceite, al desplazarse el vástago, comprime el gas, este sufre una variación de volumen que permite dar una respuesta instantánea y un funcionamiento silencioso.

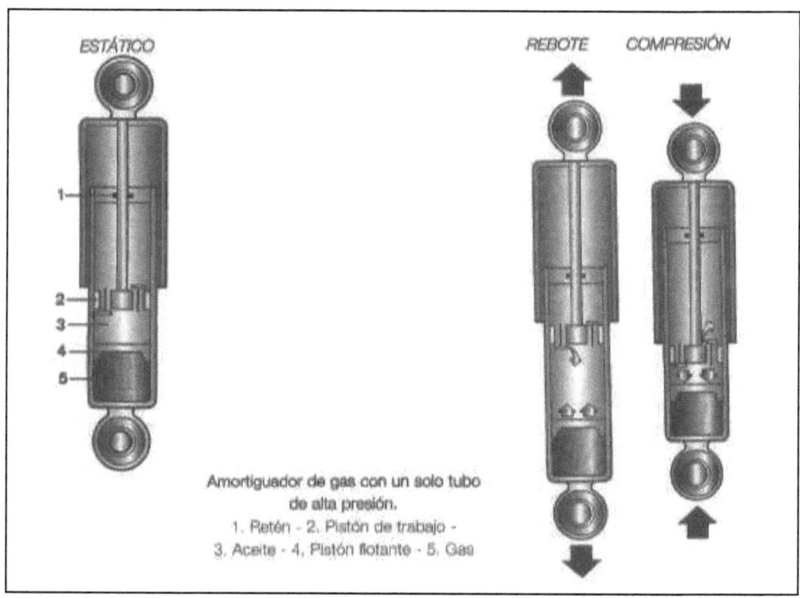


Figura 2.16: Amortiguador Monotubo a Gas

Fuente: Manual Práctico del Automovil: Reparación y Mantenimiento

### 2.1.2.9.3 Amortiguadores bitubo a gas

Este amortiguador es semejante a un amortiguador convencional. En la parte superior del tubo de reserva, el aire a presión atmosférica es sustituido por nitrógeno a una presión de 2,5 a 5 bares.

El retén del aceite que rodea al vástago en la parte superior del cuerpo del amortiguador es de un diseño muy especial. Incorpora un labio que impide la entrada de polvo y dos labios de sellado que impiden el escape de aceite. La base del retén tiene la forma de una banda circular flexible que actúa como válvula antirretorno y permite que el aceite refluya al tubo de reserva, y mantiene la presión del gas exclusivamente sobre el depósito. Es muy importante conservar los amortiguadores en buen estado, ya que de ellos depende que un buen número de elementos mecánicos se mantengan en buen estado y no causen desgastes prematuros.

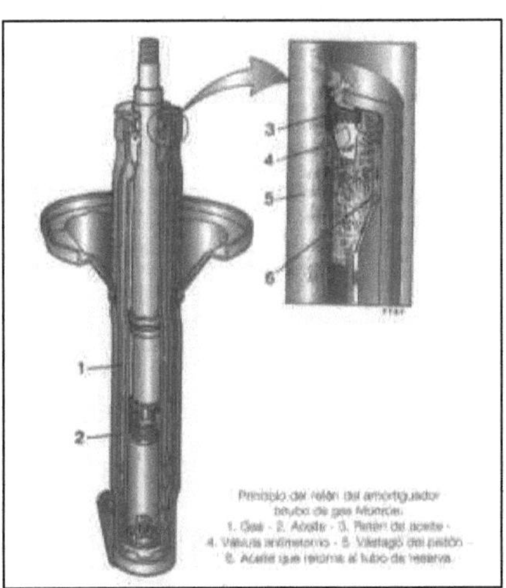


Figura 2.17: Amortiguador Bitubo a Gas

Fuente: Manual Práctico del Automovil: Reparación y Mantenimiento

### 2.1.3 Clasificación de los Sistemas de Suspensión

Según el tipo de elementos empleados y la forma de montajes de los mismos, existen varios sistemas de suspensión, todos ellos basados en el mismo principio de funcionamiento. Constan de un sistema elástico, amortiguación y barra estabilizadora independientes para cada uno de los ejes del vehículo.

Actualmente existen distintas disposiciones de suspensión cuyo uso depende del tipo de comportamiento que se busca en el vehículo: mayores prestaciones, más comodidad, sencillez y economía, etc.

### 2.1.3.1 Suspensiones rígidas

Esta suspensión tiene unidas las ruedas mediante un eje rígido, la rueda derecha e izquierda son conectadas por un solo eje que es fijado a la carrocería y al armazón por los resortes (muelles o resortes espirales), se transmiten las vibraciones de una rueda a la otra. Presenta el inconveniente de que al estar unidas ambas ruedas, las vibraciones producidas por la acción de las irregularidades del pavimento, se transmiten de un lado al otro del eje.

Además el peso de las masas no suspendidas aumenta notablemente debido al peso del eje rígido y al peso del grupo cónico diferencial en los vehículos de tracción trasera. En estos últimos el grupo cónico sube y baja en las oscilaciones como un parte integradora del eje rígido.

Como principal ventaja, los ejes rígidos destacan por su sencillez de diseño y no producen variaciones significativas en los parámetros de la rueda como caída, avance, etc. El principal uso de esta disposición de suspensión se realiza sobre todo en vehículos industriales, autobuses, camiones y vehículos todo terreno.

El sistema de suspensión del eje rígido es frecuentemente usado para las ruedas delanteras y traseras de los buses y camiones y para las ruedas posteriores de automóviles de pasajeros.

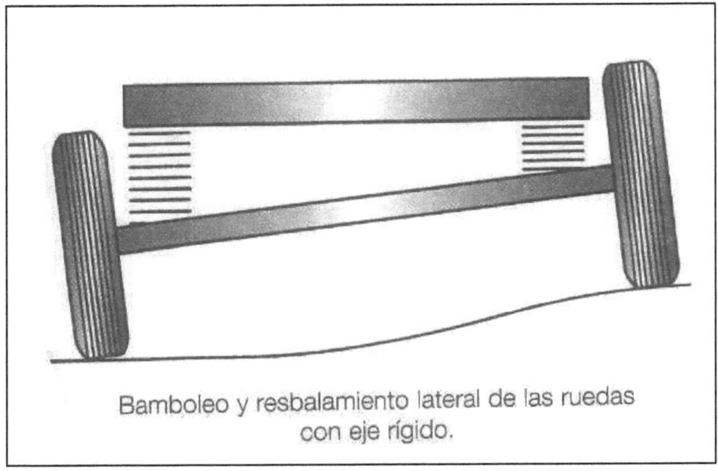


Figura 2.18: Sistema de Suspensión Rígida

Fuente: Manual Práctico del Automovil: Reparación y Mantenimiento

### 2.1.3.2 Suspensiones semirrígidas

Similares a las suspensiones rígidas pero con menor peso no suspendido. Estas suspensiones son muy parecidas a las rígidas su diferencia principal es que las ruedas están unidas entre sí como en el eje rígido pero transmitiendo de una forma parcial las oscilaciones que reciben de las irregularidades del terreno.

En cualquier caso aunque la suspensión no es rígida total tampoco es independiente.

La función motriz se separa de la función de suspensión y de guiado o lo que es lo mismo el diferencial se une al bastidor, no es soportado por la suspensión.

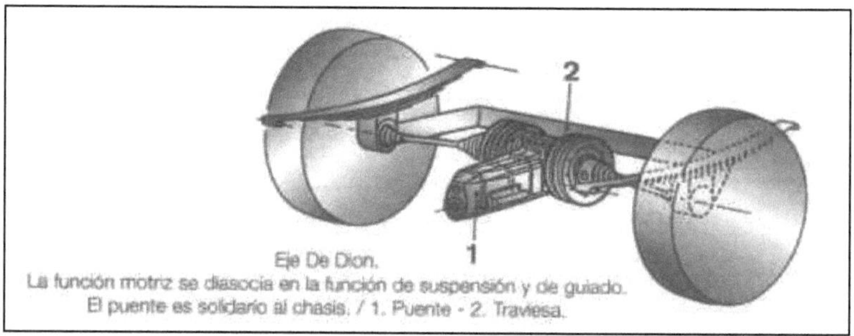


Figura 2.19: Suspensión semirrígida "De Dion"
Fuente: Manual Práctico del Automovil: Reparación y Mantenimiento

### 2.1.3.3 Suspensión independiente

En vehículos con el sistema de suspensión independiente, la rueda derecha e izquierda no es conectada directamente por un eje. La suspensión es fijada a la carrocería y el armazón en forma tal que ambas ruedas puedan moverse independientemente sin afectar una a otra.

Es comúnmente usado en las ruedas delanteras de vehículos de pasajeros y pequeños camiones y más recientemente con las ruedas de vehículos de pasajeros.

Actualmente la suspensión independiente a las cuatro ruedas se va utilizando cada vez más debido a que es la más óptima desde el punto de vista de confort y estabilidad al reducir de forma independiente las oscilaciones generadas por el pavimento sin transmitirlas de una rueda a otra del mismo eje.

La principal ventaja añadida de la suspensión independiente es que posee menor peso no suspendido que otros tipos de suspensión por lo que las acciones transmitidas al chasis son de menor magnitud.

El diseño de este tipo de suspensión deberá garantizar que las variaciones de caída de rueda y ancho de ruedas en las ruedas directrices deberán ser pequeñas para conseguir una dirección segura del vehículo. Por contra para cargas elevadas esta suspensión puede presentar problemas.

Actualmente éste tipo de suspensión es el único que se utiliza para las ruedas directrices.

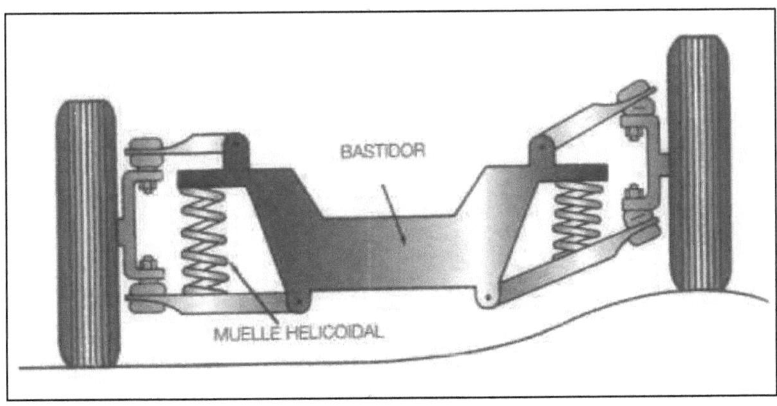



Figura 2.20: Suspensión independiente

Fuente: Manual Práctico del Automovil: Reparación y Mantenimiento

<u>**2.1.3.4 Sistema Mac Pherson[9]**</u>

Este es uno de los más utilizados para el montaje de los trenes delanteros, sobre todo en motores de montaje transversal y longitudinal, también en vehículos de tracción posterior con el motor delantero. En este sistema el pivote de dirección soporta una biela en su parte superior sobre la cual va situado el amortiguador. El muelle es concéntrico con el amortiguador y se comprime entre un platillo fijado en su cuerpo y otro fijado en el extremo del vástago, sujetado al bastidor con una fijación de articulación elástica.

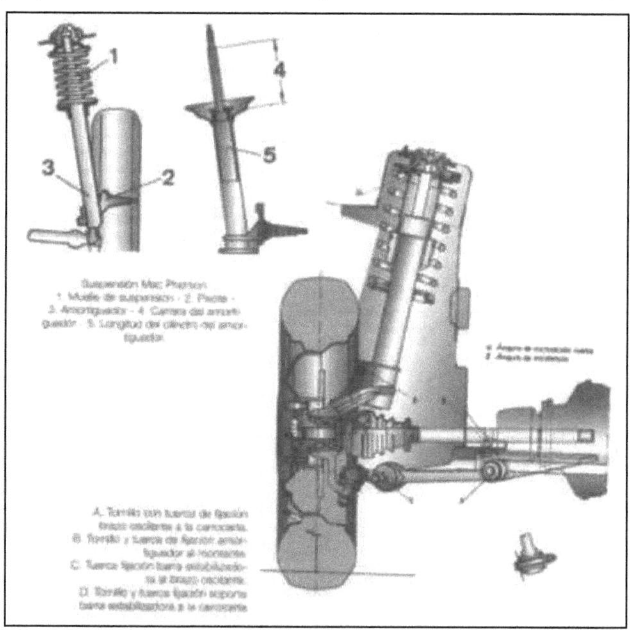

Figura 2.21: Suspensión Mac Pherson

Fuente: Manual Práctico del Automovil: Reparación y Mantenimiento

[9] GIL MARTINEZ, H., "Manual Práctico del Automovil: Reparación y Mantenimiento". España: Cultural S.A, pp. 921

## 2.1.3.5 Sistema a Triángulos Superpuestos

Utilizado en montajes delanteros y traseros de automóviles de elevadas prestaciones.

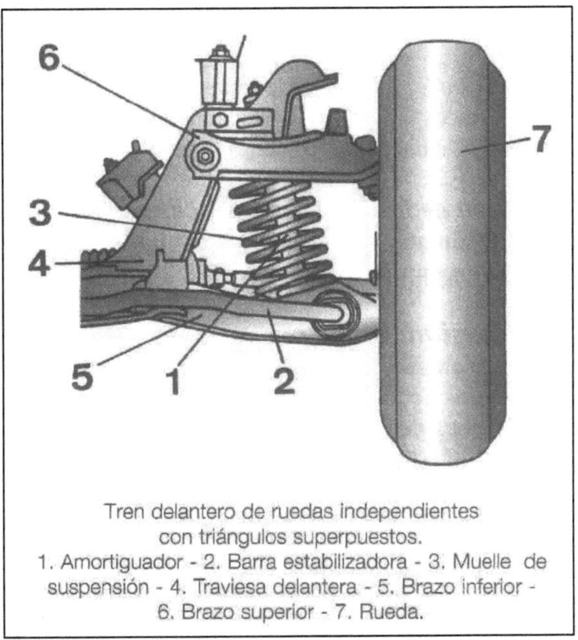



Figura 2.22: Sistema de Suspensión con Triángulos Superpuestos

Fuente: Manual Práctico del Automovil: Reparación y Mantenimiento

## 2.1.3.6 Sistema a Eje Multibrazo

Montados en la suspensión posterior de vehículos de tracción posterior y en algunos casos en la suspensión delantera en vehículos de tracción delantera.

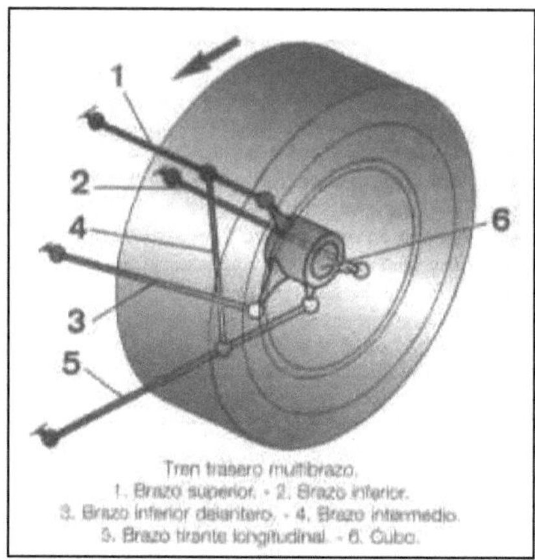

Figura 2.23: Tren Trasero Multibrazo

Fuente: Manual Práctico del Automovil: Reparación y Mantenimiento

## 2.1.3.7 Sistema de Brazo Oscilante Inclinado

Montado en suspensiones posteriores de vehículos en tracción delantera

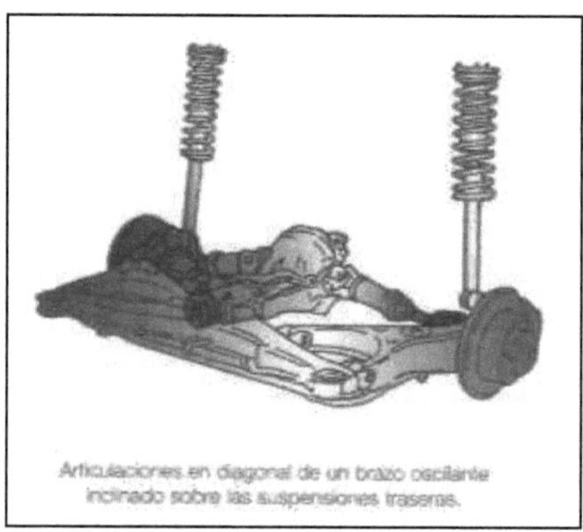

Figura 2.24: Brazo Oscilante

Fuente: Manual Práctico del Automovil: Reparación y Mantenimiento

## 2.1.3.8 Eje Torsional

Montado en el eje posterior de muchos vehículos de tracción delantera. Es de las últimas creaciones desarrolladas.

Figura 2.25: Eje Torsional

Fuente: Manual Práctico del Automovil: Reparación y Mantenimiento

## 2.1.4 Los Diferentes Tipos de Suspensión

La realización tecnológica actual permite responder a las diferentes demandas del sistema de suspensión mediante la implantación de tres finalidades diferentes:

- La suspensión pasiva
- La suspensión semiactiva
- La suspensión activa

## 2.1.4.1 La Suspensión Pasiva[10]

La suspensión y amortiguación entre las ruedas deben compensar por una parte los movimientos no deseados del vehículo, causados por la calzada y maniobras de conducción.

Por otra parte, éstos se deben de ocupar de que los neumáticos tengan siempre el mejor contacto con la calzada, de forma que la transmisión de fuerza entre el vehículo y la calzada sea óptima.

Actualmente se emplean predominantemente suspensiones y amortiguadores convencionales, o llamados también sistemas pasivos, que son los vistos hasta ahora.

## 2.1.4.2 La Suspensión Semiactiva

Mediante el empleo de sistemas regulados se permiten varias los mecanismos de suspensión y amortiguación para adaptarlos a necesidades de uso deportivo o de confort.

Por eso se habla del mecanismo de suspensión o mecanismos de suspensión regulados cuando, en vez de la suspensión y/o amortiguadores convencionales, se emplean componentes regulables que pueden estar asistidos por la electrónica: sensores módulos de control.

---

[10] GIL MARTINEZ, H., "Manual Práctico del Automovil: Reparación y Mantenimiento". España: Cultural S.A, pp. 923

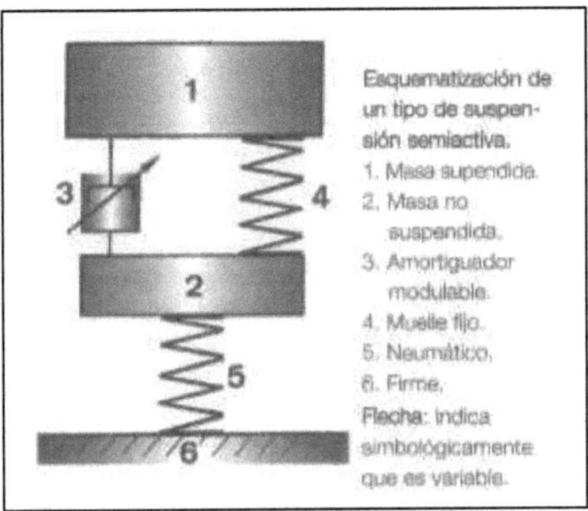


Figura 2.26: Suspensión Semiactiva

Fuente: Manual Práctico del Automovil: Reparación y Mantenimiento

Estos sistemas son llamados semiactivos y no necesitan de canal externo de energia. En la figura 26 se representa un sistema de suspensión semiactiva de la firma Bosch.

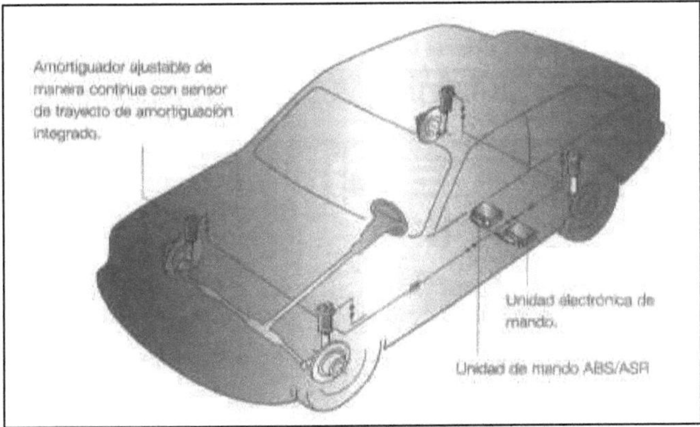


Figura 2.27: Sistema Semiactivo de la Marca Bosch

Fuente: Manual Práctico del Automovil: Reparación y Mantenimiento

Otro modelo de suspensión semiactiva lo podemos ver en la figura 2.28. Se trata de un modelo de suspensión pilotada, controlada electrónicamente que integra dos funciones distintas e interdependientes:

- Amortiguación variable según tres leyes (deportiva, media, confort)
- Corrección de la altura bajo casco.

Figura 2.28: Sistema Semiactivo de la Marca Bosch
Fuente: Manual Práctico del Automovil: Reparación y Mantenimiento

- **Amortiguación Variable**

En modo automático, la amortiguación variable de este sistema hace intervenir las tres leyes de amortiguación disponible: una ley "deportiva" que favorece un comportamiento duro (más eficaz en seguridad activa) otra ley "media" correspondiente a una amortiguación de tipo clásica, y finalmente una ley "confort" que privilegia al confort por una amortiguación blanda.

El paso de una ley a otra en la configuración automática se realiza rápidamente (aproximadamente 40 milisegundos) siguiendo la estrategia que el calculador tiene memorizada.

- **Corrección de Altura Bajo Casco**

La corrección de la altura bajo casco interviene sobre los dos trenes compensando automáticamente la carga, mantiene el perfil de los trenes y posibilita todo el recorrido de la suspensión para un mejor confort.

También permite mejorar la aerodinámica de marcha al rebajar la altura del coche a cierta velocidad y dispone de un mejor comportamiento de ruta al reducir su centro de gravead.

## 2.1.4.3 La Suspensión Activa[11]

Para una mayor exigencia a la que debe responder el mecanismo de suspensión respecto al estado de la calzada, velocidad y comportamiento de conducción, sólo puede ser cumplida mediante una regulación que actué sobre cada rueda y que sea rápida y constante.

---

[11] GIL MARTINEZ, H., "Manual Práctico del Automovil: Reparación y Mantenimiento". España: Cultural S.A, pp. 926

El mayor volumen de funciones lo ofrecen los sistemas activos que se caracterizan por el hecho de que todas o parte de las fuerzas de suspensión son generadas por actuadores que necesitan de un canal de energía externa.

Un ejemplo de este sistema lo tenemos en el sistema que describimos más adelante correspondiente a la suspensión hidroneumática de control activo del balanceo.

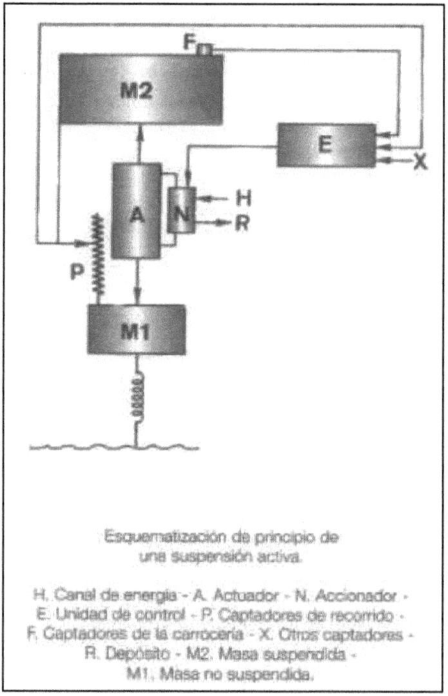


Figura 2.29: Suspensión Activa

Fuente: Manual Práctico del Automovil: Reparación y Mantenimiento

## 2.1.5 Suspensión Neumática

El sistema de suspensión neumática requiere de resortes de aire para el soporte del automóvil y controlar la altura de la suspensión lateral. El sistema puede utilizarse para controlar únicamente la suspensión trasera o las cuatro ruedas.

Adicionalmente de los resortes de aire, el sistema incluye sensores de altura, unidad de control electrónico (ECU), compresor eléctrico propulsado por el motor, tubería de aire y alambrado.

De acuerdo se presentan los cambios en la carga del automóvil se modifica la altura de la suspensión, los sensores de altura envían información a la ECU para que agregue o expulse aire de los resortes y mantenga la altura lateral del automóvil. Algunos automóviles de tracción de cuatro ruedas poseen la característica de ajuste automático o manual elevando la altura de la suspensión y proporcionar más espacio entre la carrocería y el camino.

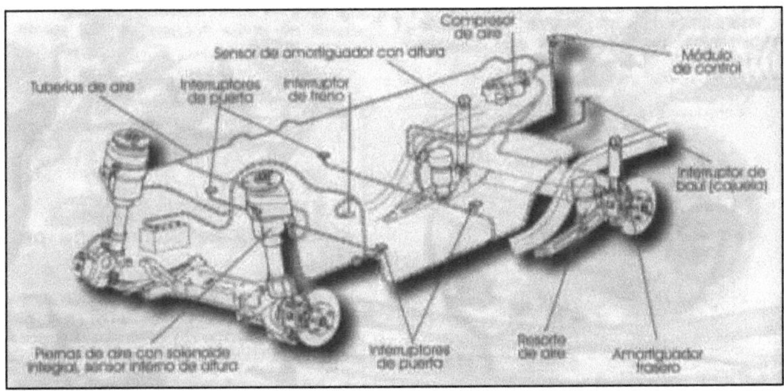


Figura 2.30: Sistema de Suspensión Neumática

Fuente: Técnico en Mecánica y Electrónica Automotriz (Tomo 2)

## 2.1.5.1 Componentes de la Suspensión Neumática

### a. Brazo

El brazo de suspensión está formado por dos partes:

- Una neumática que sustituye al muelle de las suspensiones mecánicas convencionales y que sirve principalmente para nivelar la carrocería.
- Una suspensión de reglaje continúo de la amortiguación, que utiliza amortiguadores de tarado variable a través de unas electroválvulas que controlan el paso del aceite.

### b. Muelle neumático

El muelle neumático no sólo viene a sustituir al muelle de acero; en comparación con éste ofrece también ventajas esenciales. El nuevo guiado exterior del muelle neumático por medio de un cilindro de aluminio permite reducir el espesor de pared de la valona. Esto se traduce en una respuesta más sensible ante irregularidades del pavimento.

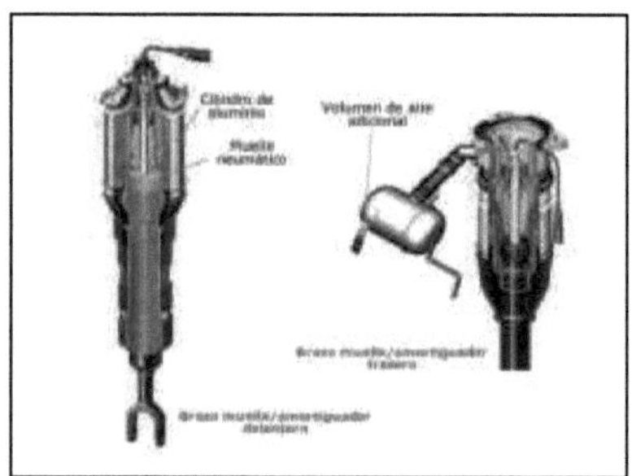

Figura  2.31: Amortiguador Neumático
Fuente: aficionadosalamecanica.net

**c. Amortiguador**

La unidad de émbolo (1) completa se desplaza hacia abajo en el tubo cilíndrico (2), a una velocidad (v). La presión del aceite aumenta en la cámara bajo la válvula amortiguadora principal (3).

La bobina electromagnética (5) recibe corriente. La fuerza electromagnética FM actúa en contra de la fuerza de muelle FF y la  contrarresta parcialmente.

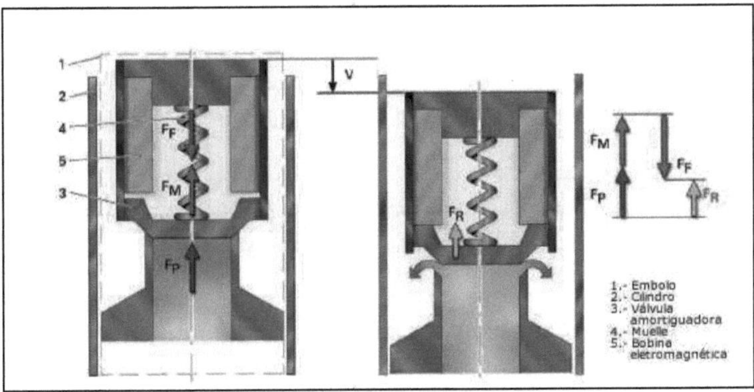


Figura 2.32: Esquema de funcionamiento del amortiguador neumático

Fuente: aficionadosalamecanica.net

**d. Bloque de válvulas electromagnéticas**

El bloque de válvulas electromagnéticas incluye el sensor de presión y las válvulas para excitar los muelles neumáticos y el acumulador de presión.

Va instalado en el paso de rueda entre el guardabarros y el pilar A en el lado izquierdo del vehículo[12].

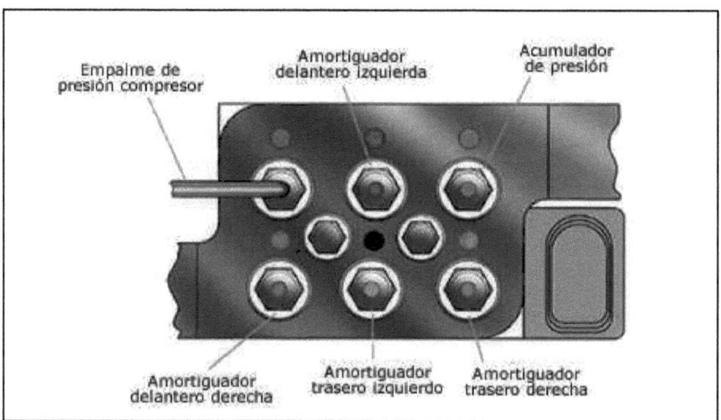


Figura 2.33: Bloque de Válvulas Electromagnéticas

Fuente: aficionadosalamecanica.net

**e. Grupo de alimentación de aire**

El grupo de alimentación de aire se instala en la parte delantera izquierda del vano motor. De esta forma se evitan influencias negativas en las condiciones acústicas del habitáculo.

Asimismo se puede realizar así una refrigeración más eficaz. Esto aumenta la posible duración de la conexión para el compresor y la calidad de la regulación. Para proteger el compresor contra un posible sobrecalentamiento se procede a desactivarlo si es necesario (temperatura excesiva en la culata).

---

[12] Extraído el 3 de diciembre de 2013 de: http://www.aficionadosalamecanica.net/suspension9.htm

La presión estática máxima del sistema es de 16 bares.

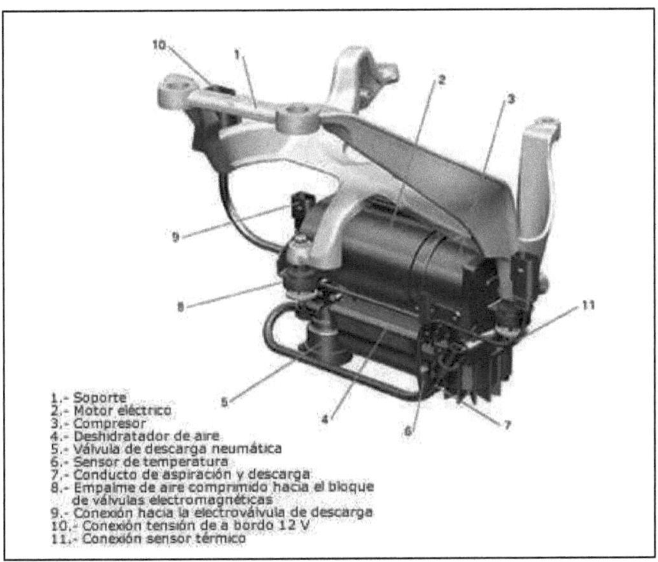


Figura 2.34: Grupo de Alimentación de Aire

Fuente: aficionadosalamecanica.net

## f. Acumulador de Presión

El acumulador de presión se encuentra entre el piso del maletero y el silenciador final, por el lado izquierdo del vehículo.

El acumulador de presión es de aluminio. Tiene una capacidad de 5,8 ltr. y una presión de servicio máxima de 16 bares. El objetivo del acumulador es limitar al mínimo posible la conexión del compresor. Para que los ciclos de regulaciones ascendentes puedan llevarse a cabo exclusivamente a través del acumulador de presión es preciso que exista una diferencia de presión mínima de 3 bares entre el acumulador de presión y el muelle neumático

## 2.1.5.2 Suspensión Neumática Controlada Electrónicamente[13]

Las necesidades actúales de los sistemas de suspensión y el avance conjunto de la electrónica han llevado en la actualidad al desarrollo de complejos sistemas de control y gestión de la suspensión.

Uno de ellos es el sistema de suspensión neumática pilotada, existiendo dentro de este sistema existen numerosos tipos de control que supervisan parámetros como carga, altura de carrocería, dureza de amortiguación variable, etc.

La suspensión neumática controlada electrónicamente verifica la consistencia del amortiguador a través de un actuador controlado electrónicamente en la parte superior de cada amortiguador y que modifica las válvulas internas para alterar la velocidad del líquido hidráulico. En el tablero está un interruptor donde el conductor puede seleccionar entre modo suave o duro.

**Componentes**

- **Actuadores eléctricos**

Se encargan de controlar las válvulas del amortiguador.

- **Interruptor de control electrónico**

Selecciona el conductor entre modo suave o duro.

---

[13] Santander Rueda Jesús, "Técnico en Mecánica y Electrónica Automotriz (Tomo 2)". Colombia: Diseli (2005), p.p. 397

- **Sensor g (gravedad)**

Envía señales a la unidad de control electrónico sobre las modificaciones de las fuerzas de gravedad.

- **Sensor de velocidad**

Envía información a la unidad de control electrónico sobre la velocidad del automóvil.

- **Sensor de velocidad angular de dirección**

Envía información a la unidad de control electrónico sobre el ángulo de la dirección y la velocidad e viraje del timón (volante)[14].

- **Sensor de Posición del Acelerador**

Envía información a la unidad de control electrónico sobre la posición del acelerador.

- **Unidad de Control Electrónico**

Computadora, controla el sistema basada en la información preprogramada y la entrada de los sensores del sistema.

Almacena los códigos de falla y proporciona la capacidad de autodiagnóstico.

---

[14] Santander Rueda Jesús, Técnico en Mecánica y Electrónica Automotriz (Tomo 2). ED. Diseli (2005), pag. 395-397

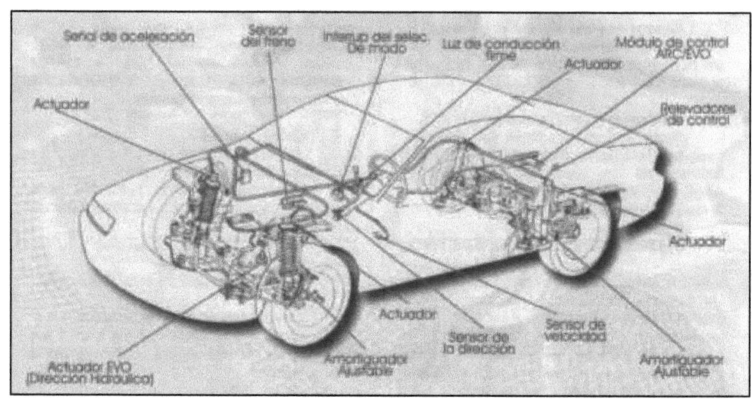


Figura 2.35: Sistema de Suspensión Neumática Controlada Electrónicamente

Fuente: Técnico en Mecánica y Electrónica Automotriz (Tomo 2)

## 2.1.5.3 Funcionamiento de la Suspensión Neumática[15]

La suspensión neumática se fundamenta en el aprovechamiento de la condición de elasticidad que posee una cantidad de gas (aire o nitrógeno) que ocupa los resortes de amortiguación llamados resortes de aire.

Estos resortes necesitan por tanto de una instalación de aire comprimido que los alimente, por lo que en la actualidad, estos tipos de suspensión son más propios de vehículos que ya disponen de esta instalación para los frenos. Los principales grupos de vehículos que utilizan suspensión neumática, fundamentalmente en el eje trasero, son los vehículos grandes de tipo familiar, vehículos industriales, autobuses y camiones.

---

[15] CALVO MARTIN, J., MIRAVETE DE MARCO, A., "Mecánica del Automóvil Actualizada". España: Servicio de Publicaciones, Centro Politécnico Superior de Zaragoza (2012), p.p. 61

Los resortes más comunes son los de membrana en forma de fuelle de doble anillo, mostrado en la figura 2.36, y los de fuelle de desarrollo. Ambos presentan una variación progresiva de la elasticidad mediante la variación de la presión del aire, en todo el recorrido de la suspensión.

La regulación tanto de la presión como de la cantidad de aire que hay en cada instante en los resortes está controlada por válvulas reguladoras que en la actualidad están gestionadas por una unidad de control electrónico.

En la figura 2.36 se muestra un esquema simple de una instalación neumática en la que un grupo de propulsión (1), formado por un compresor accionado por un motor eléctrico, comprime el aire que a su vez es almacenado en un depósito (2). El aire comprimido llega a través de los conductos hasta el resorte de aire de cada rueda (3) a través de una válvula (4) que regula la cantidad de aire que entra o sale del resorte. Tanto el motor, que acciona el compresor, como las válvulas están controlados por una unidad de control electrónico (5).

El funcionamiento de este tipo de suspensión es el siguiente. Cuando una rueda del vehículo sube por efecto de una desigualdad del pavimento, el resorte (3) se comprime por la acción de la membrana (6) que se comporta como un fuelle. Esta variación de volumen provoca un aumento de presión en el interior del resorte, que le obliga a recuperar su posición inicial tras haber pasado el obstáculo manteniendo de esta forma la altura correcta de la carrocería.

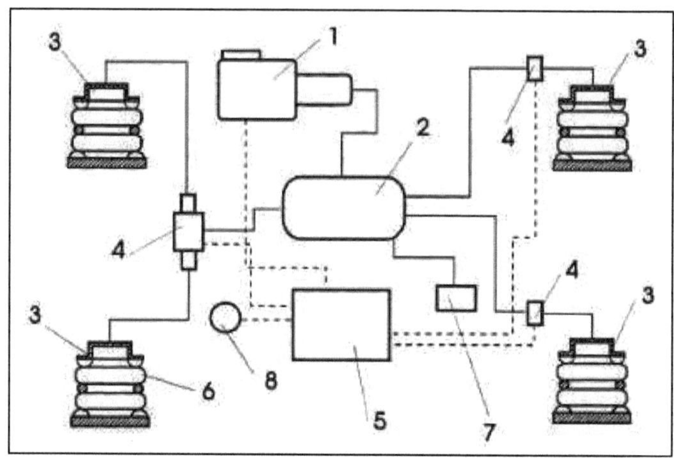

Figura 2.36: Componentes del Sistema de Suspensión Neumática Pilotada

Fuente: Mecánica del Automóvil Actualizada

Cuando se descarga el vehículo la carrocería sube de posición y el aire de los resortes (3) se dilata disminuyendo su presión. El controlador electrónico (5) detecta esta subida de altura de la carrocería mediante el sensor de posición (7) y ordena la apertura de la válvula (4) para que salga el aire del resorte hacia la instalación y disminuya la altura de la carrocería hasta una posición adecuada.

### 2.1.5.4 Sensores del Sistema

**a. Sensor de temperatura del compresor**

Se trata de una resistencia NTC en un pequeño cuerpo de vidrio. El sensor detecta la temperatura en la culata del compresor. Su resistencia se reduce a medida que aumenta la temperatura (NTC: coeficiente negativo de temperatura). Esta variación de la resistencia es analizada por la unidad de control. El tiempo máximo de funcionamiento del compresor se calcula en función de la temperatura momentánea.

**b. Sensor de presión**

Mide las presiones en los brazos telescópicos de los ejes delantero y trasero y en el acumulador de presión El sensor va empotrado en el bloque de válvulas electromagnéticas y no está al acceso por fuera. El sensor trabaja según el principio de medición capacitiva:

La presión (p) a medir produce una desviación en una membrana de cerámica. Debido a ello varía la distancia entre un electrodo (1) instalado en la membrana y un electrodo contrario (2) que se encuentra fijo sobre la carcasa del sensor. Los electrodos constituyen por sí mismo un condensador. Cuanto menor es la distancia de los electrodos tanto mayor es la capacidad del condensador. La capacidad es medida por el sistema electrónico integrado y transformada en una señal lineal de salida. Mediante una excitación correspondiente de las electroválvulas es posible determinar las presiones de los muelles neumáticos y del acumulador.

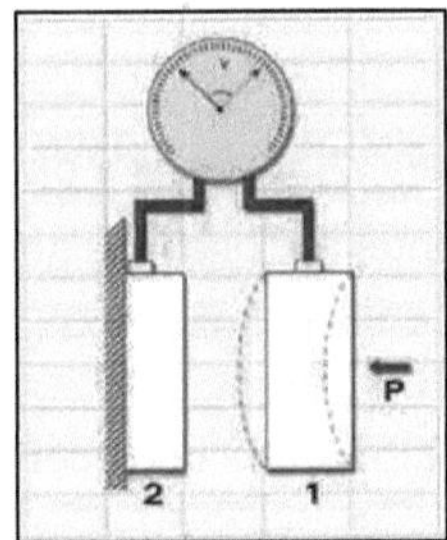

Figura 2.37: Sensor de Presión

Fuente: aficionadosalamecanica.net

## c. Sensor de aceleración

Para poder ajustar la amortiguación óptima en cada situación es preciso conocer el desarrollo cronológico de los movimientos de la carrocería (masa amortiguada) y de los componentes de los ejes (masa no amortiguada). Las aceleraciones de la carrocería se miden con ayuda de tres sensores. Dos de ellos se encuentran en las torretas de los brazos telescópicos delanteros; el tercero se halla en el guardarrueda trasero derecho. La aceleración de los componentes de los ejes (masas no amortiguadas) se determina por análisis de las señales procedentes de los sensores de nivel del vehículo.

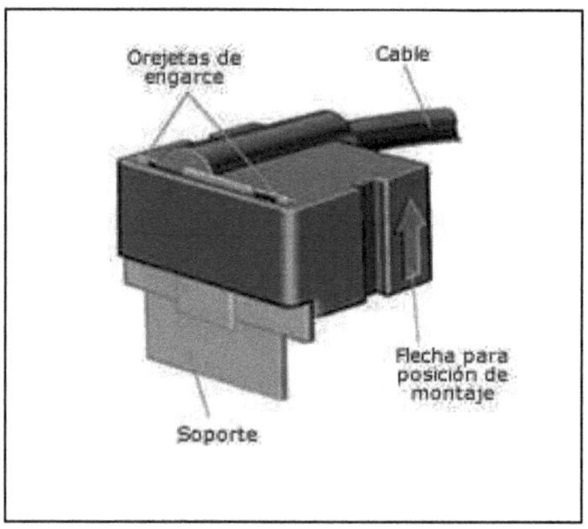


Figura 2.38: Sensor de Aceleración

Fuente: aficionadosalamecanica.net

## d. Sensores de aceleración de la carrocería

Los sensores van atornillados a la carrocería por medio de soportes. El sensor y el soporte están unidos por medio de engarce. Consta de varias capas de silicio y vidrio. La capa intermedia de silicio está diseñada en forma de una lengüeta en alojamiento elástico (masa sísmica). La sensibilidad del sensor viene determinada, en esencia, por el coeficiente de rigidez/elasticidad y la masa de la lengüeta.

La masa sísmica con recubrimiento de metal se utiliza como electrodo móvil, que, conjuntamente con el contraelectrodo superior e inferior, constituye respectivamente un condensador. La capacidad de este condensador depende de las superficies de los electrodos y su distancia mutua.

**e. Sensores de nivel del vehículo**

Los cuatro sensores son de un mismo diseño, mientras que las sujeciones y bieletas de acoplamiento son específicas por lados y ejes.

Los sensores detectan la distancia entre los brazos oscilantes del eje y la carrocería, y con ello la altura de nivel del vehículo. La detección se realiza ahora con frecuencias de 800 Hz (en el allroad 200 Hz). Esta tasa de captación es suficiente para determinar la aceleración de las masas no amortiguadas.

**2.1.5.5 Ventajas y desventajas de la Neumática**

**A) Ventajas:**

- El aire es de fácil captación y abunda en la tierra
- El aire no posee propiedades explosivas, por lo que no existen riesgos de chispas.
- Los actuadores pueden trabajar a velocidades razonablemente altas y fácilmente regulables
- El trabajo con aire no daña los componentes de un circuito por efecto de golpes de ariete.

- Las sobrecargas no constituyen situaciones peligrosas o que dañen los equipos en forma permanente.
- Los cambios de temperatura no afectan en forma significativa.
- Energía limpia
- Cambios instantáneos de sentido

## B) Desventajas

- En circuitos muy extensos se producen pérdidas de cargas considerables
- Requiere de instalaciones especiales para recuperar el aire previamente empleado
- Las presiones a las que trabajan normalmente, no permiten aplicar grandes fuerzas

### 2.1.5.6 Propiedades del Aire Comprimido

Causará asombro el hecho de que la neumática se haya podido expandir en tan corto tiempo y con tanta rapidez. Esto se debe, entre otras cosas, a que en la solución de algunos problemas de automatización no puede disponerse de otro medio que sea más simple y más económico.

**¿Cuáles son las propiedades del aire comprimido que han contribuido a su popularidad?**

- **Abundante**: Está disponible para su compresión prácticamente en todo el mundo, en cantidades ilimitadas.
- **Transporte:** El aire comprimido puede ser fácilmente transportado por tuberías, incluso a grandes distancias. No es necesario disponer tuberías de retorno.

- **Almacenable**: No es preciso que un compresor permanezca continuamente en servicio. El aire comprimido puede almacenarse en depósitos y tomarse de éstos. Además, se puede transportar en recipientes (botellas).
- **Temperatura:** El aire comprimido es insensible a las variaciones de temperatura, garantiza un trabajo seguro incluso a temperaturas extremas.
- **Antideflagrante:** No existe ningún riesgo de explosión ni incendio; por lo tanto, no es necesario equipo de seguridad.

### 2.1.5.7 Rentabilidad de los Equipos Neumáticos

Como consecuencia de la automatización y racionalización, la fuerza de trabajo manual ha sido reemplazada por otras formas de energía; una de éstas es muchas veces el aire comprimido

Ejemplo: Traslado de paquetes, accionamiento de palancas, transporte de piezas. El aire comprimido es una fuente cara de energía, pero, sin duda, ofrece indudables ventajas. La producción y acumulación del aire comprimido, así como su distribución a las máquinas y dispositivos suponen gastos elevados. Pudiera pensarse que el uso de aparatos neumáticos está relacionado con costos especialmente elevados. Esto no es exacto, pues en el cálculo de la rentabilidad es necesario tener en cuenta, no sólo el costo de energía, sino también los costos que se producen en total. En un análisis detallado, resulta que el costo energético es despreciable junto a los salarios, costos de adquisición y costos de mantenimiento.

# CAPÍTULO III
## SELECCIÓN DE COMPONENTES PARA LA SUSPENSIÓN NEUMÁTICA

### 3.1 Requerimientos del sistema de control para la suspensión neumática

El sistema de suspensión neumática instalado en el banco de pruebas se divide básicamente en dos fases, una mecánica la cual se compone de elementos comúnmente utilizados en un sistema de suspensión, y una fase eléctrica y electrónica, en donde se utiliza componentes electrónicos en este caso un PLC va a ser el encargado de almacenar información necesaria para el control del sistema neumático, mediante la ayuda de interruptores se lograra un control manual acorde con las necesidades de los estudiantes, los cuales interactuaran con el sistema de suspensión neumática, controlando de esta manera la altura y la dureza del mismo, identificando así  las funciones que cumple en un vehiculo real, esta información será enviada al módulo de control electrónico en este caso el PLC, con el fin de controlar el sistema de suspensión instalado en el banco de pruebas.

El módulo de control electrónico recibe la información al presionar los interruptores dispuestos en el tablero de control y se encarga de procesar la información recibida para dar órdenes a los actuadores (electroválvulas y pulmones de aire), para obtener un resultado final que es la determinación del nivel y dureza del sistema de suspensión.

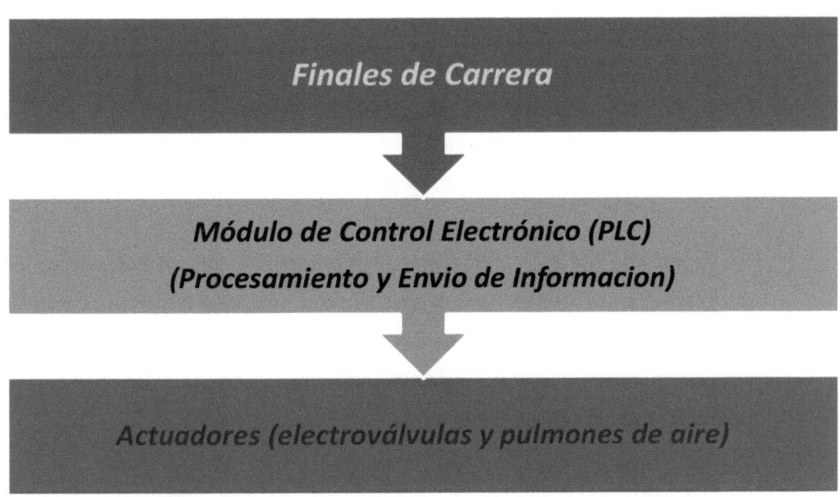



Figura 3.1: Diagrama de entradas y salidas del módulo

## 3.2 Características del sistema

La principal característica del sistema de suspensión neumática es mejorar la estabilidad y el confort del vehículo, con respecto al sistema de suspensión mecánico convencional. Además, el sistema trabajará en modo manual:

El estudiante tendrá la capacidad de regular la altura del banco de acuerdo a las necesidades de aprendizaje requeridas por el tutor.

En este caso los botones instalados en el tablero de control serán los encargados de regular estas condiciones, al presionar el botón dispuesto en la pantalla principal, el compresor cargara de aire al sistema, permitiendo que los actuadores cumplan su función y variará la altura del banco.

## 3.3 Diseño del sistema neumático

Para el caso del diseño del sistema neumático se debe tener bien identificado que requerimientos tendrá este sistema, ya que solo de esta manera se puede determinar la funcionalidad de los mismos.

Es importante también la utilización de elementos que se encuentren dentro del presupuesto, ciertos sensores son muy costosos como para emplearlos en el sistema, por lo cual es importante el tener muy en claro cuál va a ser la función y como estos sensores pueden ser reemplazados por otros que cumplan una función similar.

Es importante previo a la adquisición de los diferentes dispositivos neumáticos el dimensionamiento de los mismos, para lo cual podemos utilizar la ayuda de un software.

En este caso se utilizará el Automation Studio, ya que es el más comprensible y el más didáctico para la representación teórica del sistema.

## 3.3.1 Selección del pulmón de aire

El pulmón de aire es controlado por medio de aire comprimido, se utiliza este tipo de componente, debido a que el sistema de suspensión del banco es independiente en las cuatro ruedas.

Para proceder a la selección del pulmón de aire se toma en cuenta la presión mínima requerida para elevar el banco.

<u>**a. Presión mínima requerida para elevar el banco**</u>

Para determinar la presión mínima requerida para elevar el banco se procede a tomar los siguientes datos que servirán de ayuda:

* ***Peso del Banco***

El peso del banco vacío (sin pasajeros), en nuestro caso el resultado fue de 200 Kg. Tomando como coeficiente de seguridad el 50% del peso total del banco de suspensión neumática y aduciendo otros factores de carga. Por lo tanto el peso para nuestro cálculo es:

$$\text{Peso } (Pt) = Pbt + \delta \qquad (3.1)$$
$$\text{Peso Total del Banco } (Pbt) = 200 \, kg$$
$$\text{Coeficiente de Seguridad } (\delta) = 50\% \, (Pbt) = 0,5(200 \, kg)$$
$$C\delta = 100 \, kg$$
$$CPt = 100 \, kg + 200 \, kg$$
$$Pt = 300 \, kg$$

Para realizar el cálculo se divide el peso para cada neumático. En este caso el banco tiene cuatro neumáticos de acuerdo con el diseño que realizamos.

Como es de conocimiento el peso total de un vehiculo se distribuye de la siguiente manera: 60% del peso total para la parte delantera y el 40% del peso total para la parte trasera. Esta consideración será tomada en cuenta para el banco de pruebas para el cálculo respectivo:

$$\text{Peso neumáticos delanteros} = Ptd = 60\% \, Pt$$

$$\text{Ptd} \ = \ 0{,}6\,(300\text{Kg}) \ = \ 180\,\text{Kg}$$

$$\text{Peso neumáticos posteriores} \ = \ \text{Ptp} \ = \ 40\%\,\text{Pt}$$

$$\text{Ptp} \ = \ 0{,}4\,(300\text{Kg}) \ = \ 120\,\text{Kg}$$

El resultado obtenido es el peso total del banco distribuido en la parte delantera y posterior del banco, ahora para determinar el peso que va a soportar cada neumático se procede a realizar lo siguiente:

$$\text{Peso de cada neumático} \ = \ \frac{P}{n} \qquad\qquad \textbf{(3.2)}$$

Dónde:

P: Peso

n: Numero de neumáticos

Debido a que el peso de la parte delantera y posterior del vehículo se distribuye para cada neumático respectivamente, entonces tenemos que n=2.

$$\text{Pnd} \ = \ \frac{Ptd}{n} \qquad\qquad \textbf{(3.3)}$$

$$\text{Pnd} \ = \ \frac{180\,Kg}{2} = 90\,Kg$$

$$\text{Pnp} \ = \ \frac{Ptd}{n} \qquad\qquad \textbf{(3.4)}$$

$$\text{Pnp} \ = \ \frac{120\,Kg}{2} = 60\,Kg$$

Dónde:

Pnd: Peso que soporta un neumático delantero

Pnp: Peso que soporta un neumático posterior

Una vez obtenido el resultado del peso en cada neumático, se observa que existe mayor cantidad de peso en la parte delantera del banco, esto se debe a que en la parte delantera en este caso se ha implementado el tablero de control y a más de ello podemos tomar en cuenta el peso de los asientos de los pasajeros, por lo tanto, para el cálculo correspondiente se toma en cuenta el mayor peso obtenido, en este caso es el peso que soporta un neumático delantero (Pnd), debido a que las dimensiones del pulmón de aire son las mismas para los cuatro neumáticos, y por ende es necesario que el cálculo se lo realice con el peso máximo que trabajará el sistema de suspensión.

- **Presión de Aire del Sistema**

Para determinar si el pulmón de aire seleccionado va a resistir, necesitamos calcular la presión mínima que necesita el pulmón de aire para levantar el peso máximo del banco.

De los cálculos anteriores se deduce que el peso máximo que soporta un lado del banco es 180 Kg. y el espacio en donde va alojado el pulmón es de 12 cm.; este espacio se lo determinó teniendo en cuenta la medida del muelle original.

Para determinar la presión mínima ($P_{min}$) se utiliza la siguiente ecuación:

$$Pmin = \frac{F}{A}$$ 

(3.5)

*Dónde:*

$P_{min}$: *Presión mínima de trabajo* $(\frac{lb}{pulg^2})$

*F: Fuerza Ejercida = Pnd (lb)*
*A: Área mínima (pulg²)*

**Datos:**

Como datos iniciales tenemos lo siguiente:

*F = Pnd = 90 Kg = 198  lb*

El espacio del que se dispone es de 12 cm, pero para el cálculo se utiliza un espacio de 10 cm, por motivos de seguridad del pulmón, para evitar roces del mismo contra el guardabarros. Este espacio se asume como el diámetro requerido para el cálculo.

Diámetro: $\phi$ = 10 cm = 3,93 pulg

Tenemos:

$$Pmin = \frac{F}{A}$$

Calculamos el Área (A):

$$A = \pi \frac{\phi^2}{4} \tag{3.6}$$

$$A = \pi \frac{(3,93 \, pulg)^2}{4} = 12,13 \, pulg^2$$

Entonces:

$$Pmin = \frac{F}{A}$$

$$Pmin = \frac{396,1 \, lb}{12,13 \, pulg^2} = 32,6 \, PSI = 2.2 \, bares$$

### 3.3.2 Selección del compresor

Para la selección del compresor se toma en cuenta la presión que se calcula cuando se selecciona el pulmón de aire, debido a que el compresor alimentara al sistema neumático, y principalmente a los actuadores principales que en este caso van a ser los cuatro pulmones de aire dispuestos en la banco.

En el mercado existen diferentes tipos de compresores, por lo cual se debe elegir el compresor adecuado para el sistema de entre una gran variedad de compresores, en nuestro caso con la ayuda del cálculo realizado tenemos una idea del rango de presión que necesitamos, para así poder tomar la mejor elección y adquirir el compresor que se ajuste a nuestras necesidades y para el correcto funcionamiento del sistema. En el caso puntual de este proyecto se va a emplear el compresor que existe en el laboratorio de Mecánica de Patio de la Universidad de las Fuerzas Armadas ESPE (figura 3.2). El mismo que cuenta con las siguientes características:

Figura 3.2. Compresor

**Características:**

Tabla 3.1: Especificaciones del Compresor[16]

| Especificaciones del Compresor | |
|---|---|
| Tipo | OILLESS |
| Potencia | 5 HP |
| Voltaje de Trabajo | 220 Voltios AC |
| Máxima Presión | 175 PSI |

## 3.3.3 Selección de las electroválvulas

Las electroválvulas que necesitamos para que funcionen los pulmones de aire son cuatro y a su vez estas son de dos posiciones y cuatro vías.

Ya que de esta manera, podemos controlar la entrada y salida de aire del sistema, y así garantizar que los actuadores cumplan su función tanto de ascenso como descenso.

Cabe destacar que el rango de trabajo de estas electroválvulas es de 220 V. Y que para poder tener un control individual se emplearon cuatro electroválvulas en el sistema (una para cada neumático).

---

[16] Extraído de: http://www.aircompressorsdirect.com/Ingersoll-Rand-2340L5.230-1-Air-Compressor/p705.html

Figura 3.3: Electroválvula 4/2 (Cuatro Vías y Dos Posiciones)

## 3.4. Modelado de la estructura del banco en SolidWorks

SolidWorks es un programa de diseño asistido por computadora para modelado mecánico desarrollado en la actualidad por SolidWorks Corp. El programa permite modelar piezas y conjuntos y extraer de ellos tanto planos técnicos como otro tipo de información necesaria para la producción. Es un programa que funciona con base en las nuevas técnicas de modelado con sistemas CAD.[17]

Usando este software se modelará el banco de pruebas, desde la estructura metálica hasta los componentes de suspensión neumática que formaran parte del mismo. Se obtendrá el conjunto total del banco, el cual se apreciará

---

[17] Extraído el 15 de marzo de 2014 de: http://es.wikipedia.org/wiki/SolidWorks

paso a paso en el modelado que se presentará. La estructura metálica está compuesta de la manera que se indica en la figura 3.4, se puede apreciar que la base está formada por cuatro tubos cuadrados (ASTM A36), los cuales serán unidos mediante un proceso de soldadura.

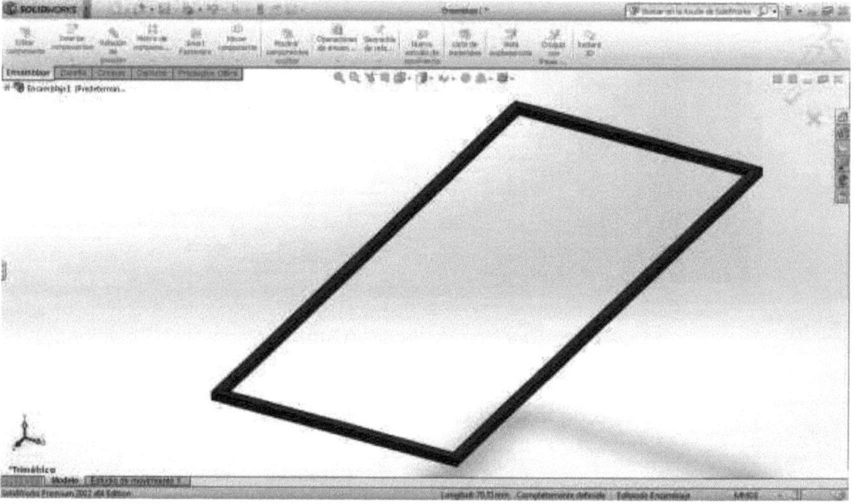

Figura 3.4: Disposición de tubos para la base de la estructura metálica

A paso seguido, con la ayuda del software procedemos a colocar cordones de soldadura en las esquinas de la base, para así simular el proceso de unión que utilizamos para su construcción.

En este caso, para lograr la unión del material hemos empleado el proceso de soldadura SMAW[18], el cual es uno de los más utilizados en nuestro medio

---

[18] Proceso de soldadura por arco eléctrico manual (electrodo revestido)

y en la industria automotriz, al brindarnos las condiciones necesarias de trabajo en lo referente a resistencia y durabilidad de la soldadura.

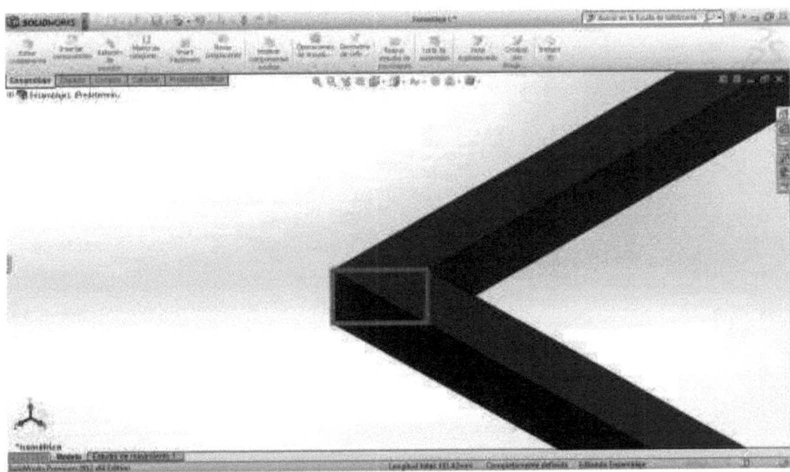

Figura 3.5: Simulación de Cordón de soldadura en las esquinas de las base metálica

Para obtener una mejor resistencia de la base metálica, colocaremos refuerzos en la parte interna de las base rectangular, estos refuerzo están dispuestos como se indica en la figura 3.6.

Dichos refuerzos son a su vez dos largueros transversales y un refuerzo adicional en forma de X, logrando así obtener una resistencia mayor en la estructura que brinde la seguridad a los ocupantes y a los elementos adicionales del sistema.

Figura 3.6: Base metálica con refuerzos

De esta manera se ha concluido con la base metálica, este a su vez cumple la función de un bastidor, ya que esta soportara todos los componentes tanto de la suspensión neumática y demás accesorios del banco de pruebas.

A continuación se procede a colocar los componentes de suspensión mecánica, vamos a utilizar hojas de ballestas, en cada neumático.

Para el caso de nuestro proyecto, fue necesario soldar placas de metal en la base metálica, mismas que cumplen la función de guiar las hojas de ballesta, las cuales están dispuestas como se indica en la figura 3.7, y además son el elemento esencial del mecanismo de desplazamiento de los actuadores, pero esto se lo tratará con mayor detalle mas adelante.

Figura 3.7: Disposición de ballestas en la estructura

A continuación se procede a ubicar los cuatro neumáticos que tendrá el banco de suspensión, los cuales serán los encargados de ser el apoyo del mismo en el suelo.

Figura 3.8: Estructura metálica con neumáticos

A continuación, se procede a colocar una placa de madera (3500 x 1500) mm y de un espesor de 6 mm en la parte superior del banco, esta servirá de soporte del asiento, cabina y demás componentes del banco.

Figura 3.9: Placa de madera sobre estructura metálica

Está en si viene a ser la estructura básica del banco de pruebas, a continuación se procede a colocar los asientos de los dos pasajeros que subirán al banco para realizar las distintas pruebas.

Figura 3.10: Ubicación de los asientos de los pasajeros

A continuación se colocará una cabina fabricada en madera la cual servirá de soporte del conjunto electrónico de control (PLC) y sus demás componentes internos, así como también contendrá en su interior el bloque de electroválvulas neumáticas, necesarias para el funcionamiento de los actuadores, esta cabina a demás dispondrá de una sección hueca en la parte posterior de la misma, para colocar el módulo de control electrónico.

Figura 3.11: Ubicación de la cabina de madera en la parte frontal de la estructura

A paso seguido colocaremos dentro de la sección hueca, la caja que contiene los componentes electrónicos, a más de esto en la parte superior de dicha caja, se dispone de una pantalla interactiva, esta será manejada por el estudiante, le permitirá interactuar con el sistema de suspensión neumática y sus distintas funciones mencionadas anteriormente.

Figura 3.12: Disposición del módulo de control

### 3.4.1. Dimensiones de la estructura metálica

La estructura metálica es de forma rectangular, formada por cuatro tubos cuadrados (50x50) (ASTM A36), de 3 mm de espesor, a más de ello como refuerzos se implementó dos largueros y dos tubos en forma de X en la parte media, esto para garantizar que la estructura brinde seguridad y resistencia a los ocupantes del banco. Las medidas dadas en milímetros, en este caso largo, ancho y dimensiones de los largueros se muestran en la figura 46.

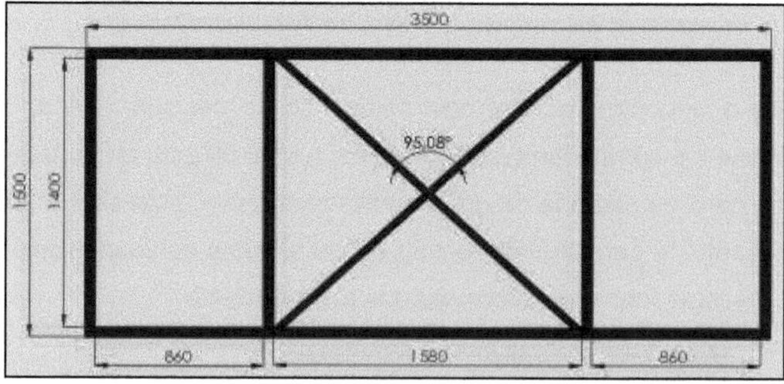

Figura 3.13: Dimensiones de la estructura metálica

## 3.5 Diseño del Control Electrónico

Para el diseño del control electrónico, se debe tener en cuenta cuales van  a
ser las necesidades del sistema,  una vez identificadas las mismas se puede
proceder a realizar un bosquejo del trabajo que se espera obtener. En este
caso se necesita que se controles las ruedas por separado en tres diferentes
alturas y también se necesita que al presionar un solo botón las cuatro
ruedas puedan ser reguladas su posición al mismo tiempo.

A continuación se detallan la forma en que se trabaja con la pantalla para el
control electrónico:

- El diseño de control electrónico se inició desde la interfaz que
  mostrará la pantalla ubicada en el panel de control del banco de
  pruebas.
- Mediante la ayuda del software OP Series Edit Tool, se diseñó las
  pantallas con las que interactuará el usuario para el control electrónico
  de los actuadores. Dichas pantallas se muestran a continuación:

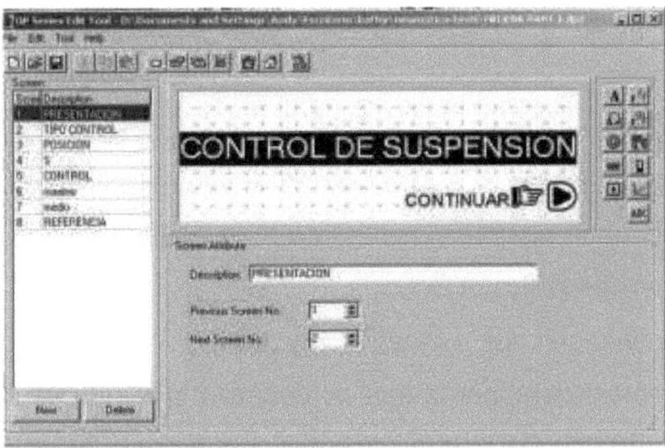


Figura 3.14: Pantalla de inicio del programa

Figura 3.15: Tipos de control a elegir

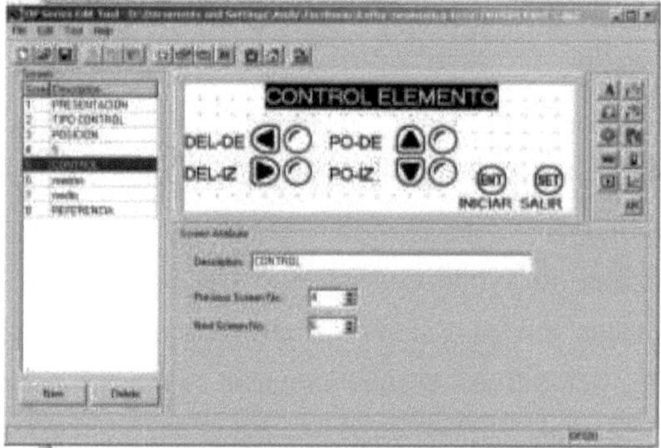

Figura 3.16: Programación de la selección individual

- Una vez finalizado el diseño de la interfaz del control del usuario, se procede con la programación el PLC y a su vez con la ubicación de los diferentes sistemas de control neumático, mismos que deben ser gobernados por el PLC.

- Identificados los elementos y su posicionamiento, es necesario el dimensionarlo, por lo que se necesita la ayuda de software adecuados para ese trabajo, que en nuestro caso para la programación del PLC se utilizó el programa XCPPro, y para el caso de los elementos neumáticos y su control, se utilizó el Automation Studio.

* A continuación podemos apreciar la selección de cada uno de los componentes que fueron usados en nuestro proyecto.

### 3.5.1 Selección del Controlador Electrónico

Los primeros PLC fueron diseñados para reemplazar los sistemas de relés lógicos. Estos PLC fueron programados en "Lenguaje Ladder", que se parece mucho a un diagrama esquemático de la lógica de relés. Este sistema fue elegido para reducir las demandas de formación de los técnicos existentes. Otros autómatas primarios utilizaron un formulario de listas de instrucciones de programación.

Los PLC modernos pueden ser programados de diversas maneras, desde la lógica de escalera de relés, a los lenguajes de programación tales como dialectos especialmente adaptados de BASIC y C. Otro método es la lógica de estado, un lenguaje de programación de alto nivel diseñado para programar PLC basados en diagramas de estado.

### Funciones

La función básica y primordial del PLC ha evolucionado con los años para incluir el control del relé secuencial, control de movimiento, control de procesos, Sistemas de Control Distribuido y comunicación por red. Las capacidades de manipulación, almacenamiento, potencia de procesamiento y de comunicación de algunos PLC modernos son aproximadamente equivalentes a las computadoras de escritorio. Un enlace-PLC programado combinado con hardware de E/S remoto, permite utilizar un ordenador de sobremesa de uso general para suplantar algunos PLC en algunas aplicaciones. En cuanto a la viabilidad de estos controladores de ordenadores de sobremesa basados en lógica, es importante tener en cuenta que no se han aceptado generalmente en la industria pesada debido a que los ordenadores de sobremesa ejecutan sistemas operativos menos estables que los PLC, y porque el hardware del ordenador de escritorio está típicamente no diseñado a los mismos niveles de tolerancia a la temperatura, humedad, vibraciones, y la longevidad como los procesadores utilizados en los PLC.

Además de las limitaciones de hardware de lógica basada en escritorio; sistemas operativos tales como Windows no se prestan a la ejecución de la lógica determinista, con el resultado de que la lógica no siempre puede responder a los cambios en el estado de la lógica o de los estado de entrada con la consistencia extrema en el tiempo como se espera de los PLC. Sin embargo, este tipo de aplicaciones de escritorio lógicos encuentran uso en situaciones menos críticas, como la automatización de laboratorio y su uso en instalaciones pequeñas en las que la aplicación es menos exigente y crítica, ya que por lo general son mucho menos costosos que los PLC.

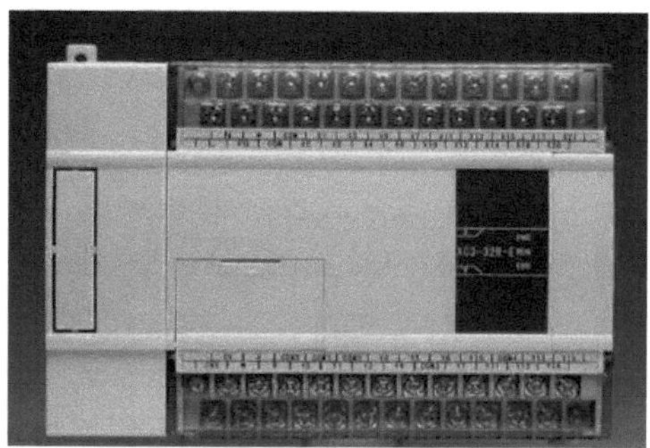

Figura 3.17. Control Lógico Programable, de la marca Xinje
Fuente: http://es.aliexpress.com/item/Xinje-XC3-serie-PLC

**Ventajas**

Dentro de las ventajas que estos equipos poseen se encuentra que, gracias a ellos, es posible ahorrar tiempo en la elaboración de proyectos, pudiendo realizar modificaciones sin costos adicionales.

Por otra parte, son de tamaño reducido y mantenimiento de bajo costo, además permiten ahorrar dinero en mano de obra y la posibilidad de controlar más de una máquina con el mismo equipo.

Sin embargo, y como sucede en todos los casos, los controladores lógicos programables, o PLC, presentan ciertas desventajas como es la necesidad de contar con técnicos cualificados y adiestrados específicamente para ocuparse de su buen funcionamiento.

### 3.5.1.1 Selección del PLC

P.L.C. (Control Lógico Programable).- Este dispositivo electrónico se lo utiliza para automatizar el funcionamiento de las electroválvulas, de esta manera el PLC, capta las señales de los sensores (finales de carrera), a estas señales las procesa según el programa y envía según la necesidad, órdenes a las electroválvulas para que estas permitan el paso de aire hacia los actuadores neumáticos (pulmones de aire), y así estos mantengan el aire en su interior o permitan la salida del aire hacia la atmósfera.

El PLC utilizado para realizar el control tanto individual y colectivo de los actuadores neumáticos,  es de Marca Xinje, y a continuación se indican sus principales características:

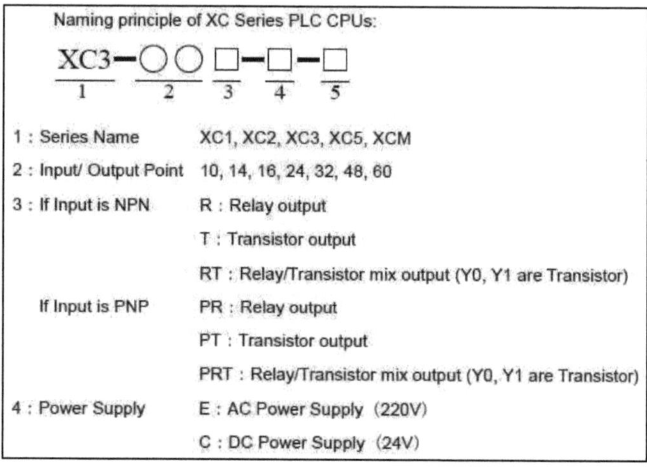



Figura 3.18: Características del PLC

Fuente:  http://es.aliexpress.com/item/Xinje-XC3-serie-PLC

### 3.5.3.2 Selección de las Electroválvulas

En el caso del control electrónico por los valores de operación de las electroválvulas se decidió trabajar con un PLC, ya que las electroválvulas necesitan un voltaje de trabajo de 220 V para poder operar.

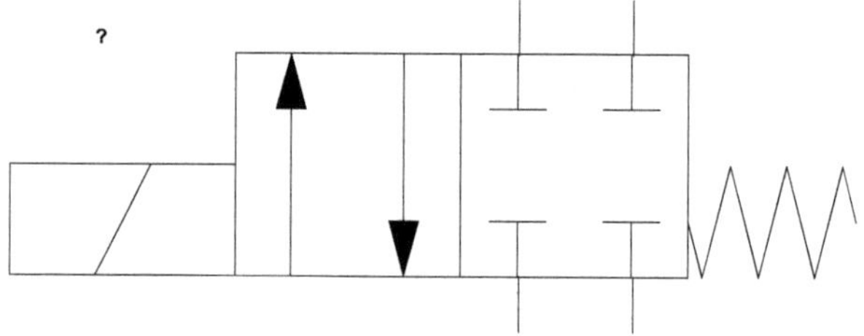

Figura 3.19: Símbolo de una electroválvula de cuatro posiciones y dos vías.

Fuente: Automation Studio 5.0

Se necesitaron cuatro electroválvulas de este tipo para poder realizar el control individual de las ruedas, la ventaja que nos ofrece este tipo de válvulas son: su tamaño muy compacto y permiten una regulación del caudal de entrada y de salida de aire al sistema.

### 3.5.3.3 Selección de la Pantalla de Control

**Terminales Programables**

Los terminales programables, llamados también terminales de operador, son visualizadores provistos de teclados, que permiten la comunicación entre el control de la máquina (PLC) y el operador, proporcionando información al usuario y permitiendo a éste controlar la máquina, además, proporcionan resúmenes del estado de la máquina, alarmas, gráficos, etc. Bien por pantalla o impresora

- **Pantalla Xinje Touchwin de 3.7" OP 320-S**

Descripción:

- LCD monocromo de 3,7 pulgadas, de 7 teclas.
- Conveniente para los varios PLC, como Siemens, Xinje, Etc.
- Muestra texto dinámico.
- Lista de información con alarmas.
- Algunas prensas clave se pueden definir como las teclas de función
- Con retroiluminación LCD STN.

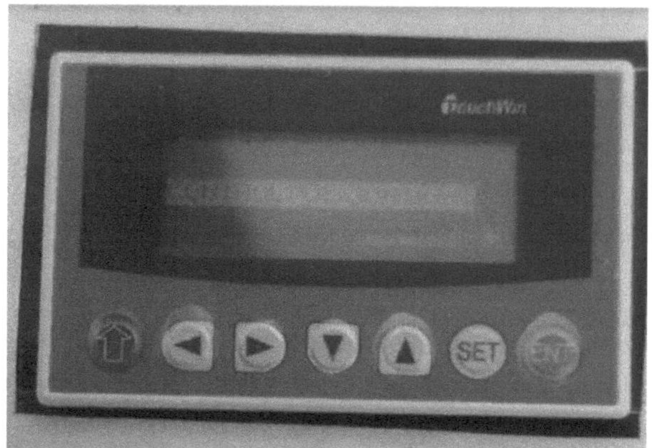

Figura 3.20: Terminal Programable marca Touchwin

### 3.5.3.4 Selección de los Elementos de Acople

En el caso de los elementos utilizados para el acople de las mangueras y de las electroválvulas se utilizaron elementos de bronce, tales como "t", acoples con rosca interna y acoples con rosca externa.

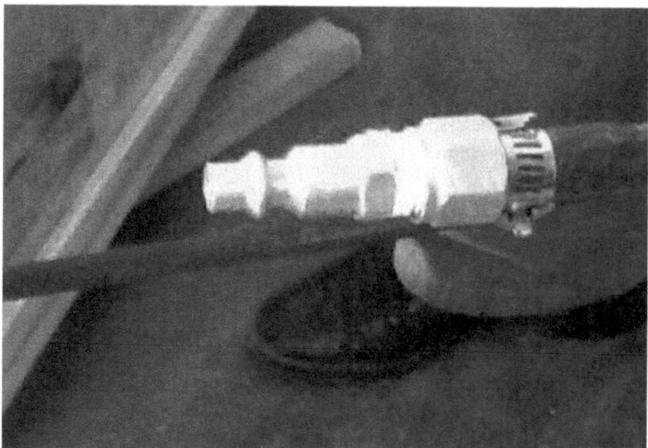

Figura 3.21: Acople Neumático

En el caso del ingreso del aire se utilizó un acople rápido, ya que este permite una rápida conexión y desconexión del sistema, además para poder brindar un correcto mantenimiento se utilizó una unidad deshidratadora, que a su vez cuenta con una válvula controladora de presión, de esta manera se asegura que la humedad que se contiene en el aire no afecte a los componentes ya que esta humedad se queda en la unidad deshidratadora.

### 3.5.3.1 Selección de los Sensores

Para el control de la altura que se realiza con la unidad de control, se utilizaron finales de carrera del tipo mecánico, normalmente abiertos.

Estos finales de carrera nos ayudan a identificar la altura del sistema, ya que dependiendo de esta el final de carrera se cerrará por acción del perno principal del sistema que guía a la ballesta, y de esta manera el PLC será capaz de censar la ubicación del mecanismo y así identificar la altura del banco de pruebas. Se utilizaron estos finales de carrera como sensores analógicos, debido a su bajo costo y a su fácil instalación.

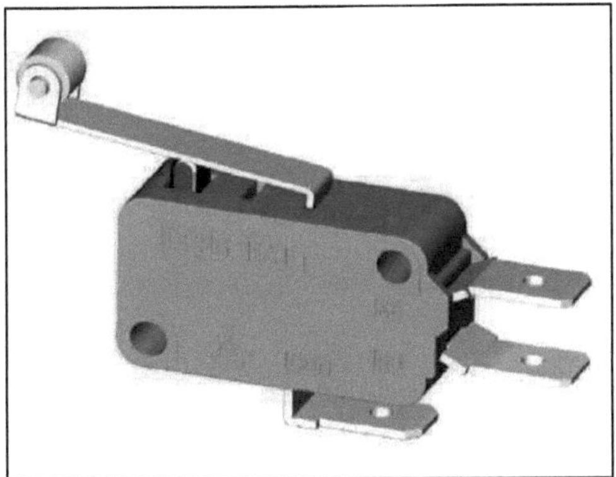

Figura 3.22: Final de Carrera Mecánico

### 3.5.3.1 Elementos de Seguridad

Es necesario que el sistema precautele la integridad de quien los está
utilizando, del entorno que lo rodea y de sus propios componentes, es por
esta razón que se colocó un paro de emergencia, este elimina la energía
eléctrica en el circuito permitiendo así reaccionar de manera rápida ante una
emergencia.

Para el caso del banco de pruebas se utilizó un paro de emergencia del tipo
neumático, el cual para su accionamiento es necesario que el operario pulse
el botón rojo (figura 3.17) y lo gire hacia el lado derecho, logrando con este
que el sistema suspenda su funcionamiento en casos de emergencia.

Figura 3.23: Paro de Emergencia Neumático

### 3.5.4 Diseño del Circuito de Control Neumático

El diseño del sistema de control neumático se lo implemento con la ayuda del software Automation Studio 5.0, mismo que se aprecia en la figura 3.24, la simulación del sistema neumático se detalla en el Anexo F, el cual consta d cuatro actuadores neumáticos, cuatro electroválvulas, y de 12 finales de carrera (tres por cada actuador).

En el diseño del control neumático, se ponen reguladores de caudal, mismo que pueden ser encontrados en las electroválvulas.

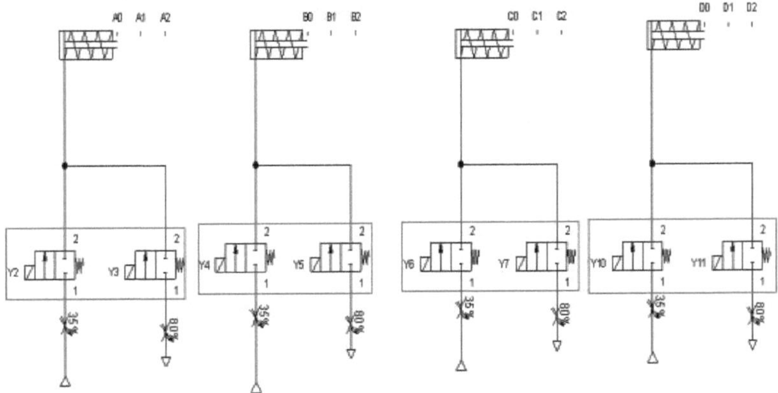

Figura 3.24: Esquema de conexiones neumáticas

### 3.5.5 Diagrama de conexiones del Módulo de Control Electrónico

El PLC, de marca Xinje y modelo XC3, consta de 14 Entradas y 18 salidas, los planos de las conexiones, se los detalla en el Anexo D.

# CAPITULO IV
## CONSTRUCCIÓN Y ENSAMBLAJE DE COMPONENTES

### 4.1. Construcción de la estructura de la suspensión neumática

### 4.1.1 Corte y Unión del Perfil Estructural

Para el proceso de construcción de la estructura metálica del banco se ha seleccionado el tubo de acero estructural ASTM A36[19] 50 x 50 y 3 mm de espesor, acorde a los planos y diseño del banco establecido en el capítulo anterior se procederá a la medición y corte del tubo de acero estructural para la construcción de la estructura metálica.

Se procede a formar la estructura base de forma rectangular, formada por cuatro tubos de acero estructural, una vez dispuestos los cuatro tubos, en la forma requerida, están listos para su posterior unión con el proceso de soldadura adecuado.

Dentro del proceso de corte y unión de los tubos de acero estructural, procedemos al corte de los largueros y los dos tubos adicionales que formaran la X en el centro de la estructura, esto dará mayor resistencia a la estructura del banco.

Finalizado el proceso de corte y unión de la estructura, se procederá a la fijación de los mismos, mediante el proceso de soldadura adecuado que nos brinde la garantía de resistencia y durabilidad de la estructura.

---

[19] Es un acero estructural al carbono, utilizado en construcción de estructuras metálicas, puentes, torres de energía, torres para comunicación y edificaciones remachadas, atornilladas o soldadas, herrajes eléctricos y señalización.

Figura 4.1: Tubo Cuadrado de Acero Estructural ASTM A36

## 4.1.2 Proceso de Soldadura

A continuación se procede a soldar parte por parte hasta obtener la forma requerida, esto se lograra mediante el proceso de soldadura SMAW (Por arco eléctrico).

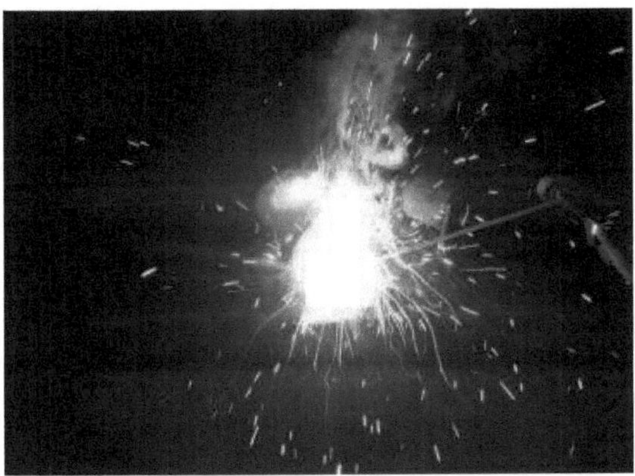

Figura 4.2: Proceso de soldadura de la estructura metálica

Una vez finalizado el proceso de soldadura, podemos apreciar en la figura 4.3, la estructura metálica finalizada.

Figura 4.3: Vista de la estructura metálica finalizada

## 4.1.2 Montaje del Sistema de Suspensión (Hojas de Ballesta, Neumáticos y Pulmones de Aire)

Según el diseño del banco en el software SOLIDWORKS, a continuación se montará todo el sistema de suspensión mecánico que corresponde a las hojas de ballesta, pernos, así como también los neumáticos.

Como paso previo a la colocación de las hojas de ballesta en la estructura metálica, es necesario la colocación de placas de acero 4 en cada lado de la estructura donde irán colocadas las ballestas, las cuales a más de ser el soporte de las mismas, poseen una característica especial, y es que poseen un orificio guía, en el cual va alojado el perno, pero que una vez que el pulmón de aire sea accionado permitirá que las hojas de ballesta se desplacen de manera vertical (de arriba a abajo), permitiendo así que la altura del banco varié, cumpliendo así el objetivo del sistema de suspensión neumática.

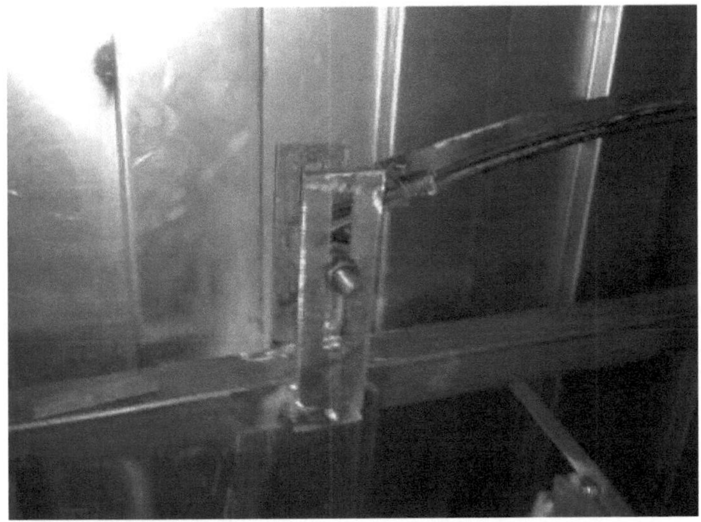

Figura 4.4: Colocación de las hojas de ballesta, pernos y placas guías

Una vez colocadas las hojas de ballesta, se procede a construir la base y el soporte del neumático, para nuestro caso se ha diseñado un tubo con base circular, la cual contara con agujeros los cuales estarán dispuestos de manera exacta a los agujeros del neumático, estos servirán de soporte, del neumático, en la figura 4.5 se muestra a detalle las características de este elemento.

Figura 4.5: Soporte para neumáticos

A paso seguido colocamos cuatro espárragos en los agujeros antes mencionados, estos servirán de guía para los agujeros del rin del neumático y así poder colocar el neumático con cuatro tuercas.

Figura 4.6: Conjunto base - neumático

A continuación se procede a la colocación de las bases metálicas, una en cada hoja de ballestas, las cuales servirán de asiento para la parte inferior de los pulmones de aire.

Figura 4.7: Base metálica en la cara superior de la hoja de ballesta

A continuación se procede a la colocación de los pulmones de aire, los mismos que irán fijados en la parte superior del chasis mediante dos pernos, y en la parte inferior irán asentados en las bases metálicas colocadas previamente en las hojas de ballesta, fijados mediante tuercas.

Figura 4.8: Colocación de los pulmones de aire

Una vez fijados los pulmones de aire en la parte superior, colocamos las hojas de ballesta en el lugar indicado, para así poder fijar los pulmones de aire, así como también las hojas de ballesta.

Figura 4.9: Colocación de hojas de ballesta

El soporte del neumático a su vez ira fijado conjuntamente en la parte inferior central de las hojas de ballesta, esta fijación se lograra mediante la ayuda de abrazaderas.

Figura 4.10: Conjunto para soporte de neumáticos

Colocamos un eje como el que se muestra en la figura 4.11, el mismo que cumple la función de transmitir el movimiento a los neumáticos, en este caso necesitamos dos ejes para las llantas delanteras y posteriores.

Figura 4.11: Disposición de los ejes motrices

Para lograr la fijación del eje y el neumático en la estructura, es necesario disponer de dos abrazaderas en forma de U, una placa base, y dos placas de menor tamaño para lograr la unión de los extremos de las abrazaderas, este conjunto a detalle se muestra en la figura 4.12.

Figura 4.12: Conjunto eje - neumático

Finalizado el proceso anterior, la estructura esta lista para ser colocada en la superficie, y continuar con el proceso de ensamblaje.

Figura 4.13: Estructura metálica con neumáticos

## 4.1.2 Montaje de componentes auxiliares  (Cabina, Asiento y Piso)

Debido al tamaño de la estructura, se decidió colocar una cabina, que cumpla la función de mejorar la estética, pero principalmente la de realizar un peso sobre la estructura, ya que al ser muy liviana esto acarrea un problema con los actuadores (pulmones de aire), ya que estos necesitan de cierta cantidad de peso para que su desinflado sea correcto.

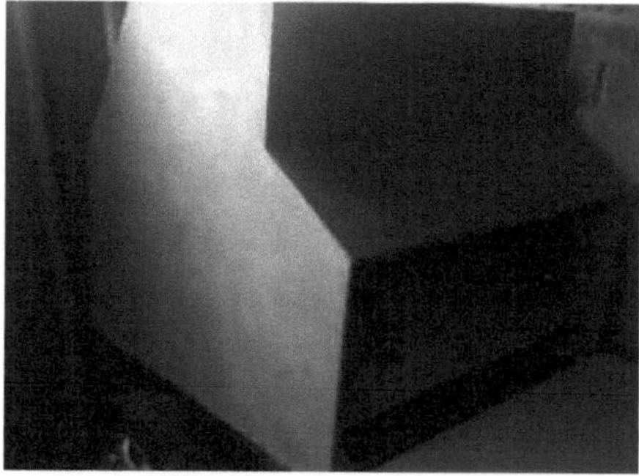

Figura 4.14: Cabina de Madera

Para el piso, colocamos una placa de madera (2,15 m x 1,50 m), esta a su vez soportara el peso del asiento, ocupantes y componentes auxiliares del banco de pruebas.

La placa de madera está sujeta a la estructura metálica mediante la ayuda de pernos, de esta manera se logra una sujeción optima que garantice la seguridad de los ocupantes del banco, así como los elementos auxiliares del sistema de suspensión neumática.

Figura 4.15: Piso de Madera

Una vez colocado el piso, a manera de protección del mismo se colocó una moqueta de color negro, la cual cubre todo el piso, de esta manera a más de darle un aspecto más estético, se lo protege de manchas y suciedad.

Figura 4.16: Piso de Madera con forro

En el caso del asiento se colocó una banca en la mitad de la estructura, donde la misma nos permitirá la manipulación del módulo y demás componentes electrónicos para que los actuadores cumplan su función. La ubicación óptima de este banco fue el centro del banco, ya que de esta manera se compensa el peso, para que el tiempo de reacción de los actuadores en descenso sea más rápido.

Figura 4.17: Banca de Madera

## 4.2 Instalación del sistema de control neumático (Mangueras, Acoples)

Como en una instalación neumática normal se necesitaron de los acoples antes mencionados para el funcionamiento casi estanco del banco de pruebas.

Para mejorar el hermetismo del mismo se utilizó Permatex en las uniones de los acoples roscados., logrando así evitar fugas de aire que afecten el desempeño normal del sistema afectando en la respuesta rápida de los actuadores neumáticos.

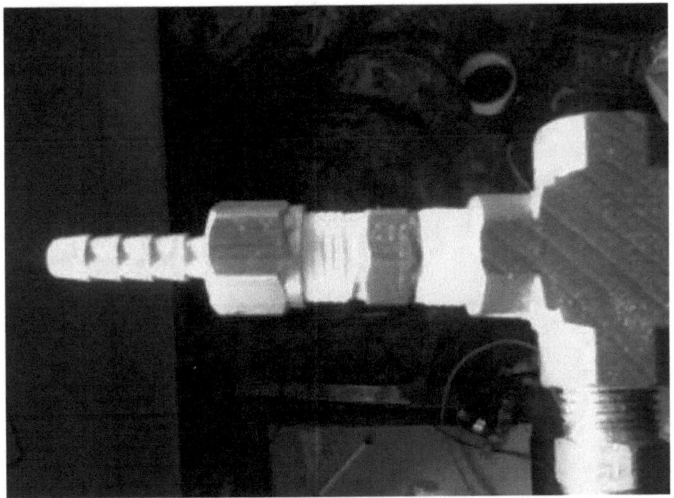

Figura 4.18: Unión neumática con Permatex

Para la instalación de las mangueras se utilizó abrazaderas metálicas ideales para este tipo de uniones neumáticas, para evitar fugas de aire, que afecten el desempeño normal del sistema.

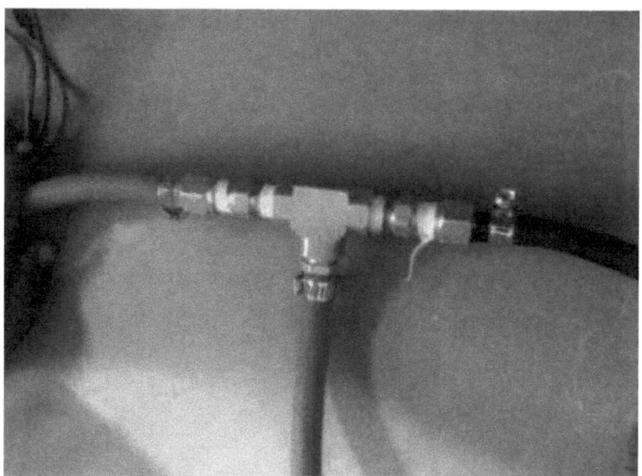

Figura 4.19: Mangueras neumáticas

En el caso de las electroválvulas se las colocó en el centro del banco de pruebas, para de esta manera tener una visibilidad muy fácil de las mismas y así estas pueden ser reemplazadas en caso de un desperfecto, a más de esto, la disposición de las mismas facilitó las conexiones de mangueras y acoples neumáticos.

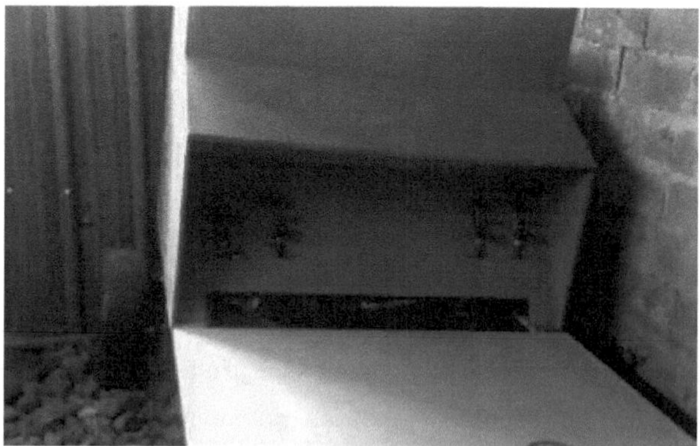

Figura 4.20: Mangueras neumáticas

### 4.2.1 Ubicación e instalación del grupo de alimentación de aire (Compresor)

En el caso del compresor de aire, se determinó que sin importar la potencia que este produzca servirá como elemento que proporcione la presión necesaria para la operación  del sistema, lo que varía es que al tratarse de un compresor de mayor potencia, este a su vez tendrá un tanque mucho más amplio en el que la presión de aire que se almacena sea mayor y de esta manera esta favorecerá al normal trabajo de los pulmones de aire,

Para la conexión de este compresor se necesitó la implementación de un acople rápido.

Figura 4.21: Compresor

## 4.2.2 Instalación de los finales de carrera

En el caso de los finales de carrera, que son los sensores encargados de determinar la posición en que se encuentran los actuadores, se los colocó en una placa, misma que a su vez proporciona el desplazamiento necesario a la ballesta, de esta manera es como se controla la altura, ya que al desplazarse la ballesta esta presiona al interruptor normalmente abierto, cerrándolo y enviando una señal al PLC para que este determine el paso a seguir. La disposición de los finales de carrera se muestra en la figura 4.22.

Figura 4.22: Ubicación de los Finales de Carrera

## 4.3. Programación del módulo de control electrónico (PLC)

La programación del PLC se la realiza con la ayuda de un PC y del software XCPPro, el programa está realizado en ladder, este es un lenguaje gráfico, que nos permite la utilización de simbología eléctrica para representar los componentes y su funcionamiento. Dicha programación se la presenta en el Anexo C:

La conexión del PLC al PC se logra mediante la utilización de un cable Rs232, este nos permite cargar la información contenida en el software al PLC, el mismo que cumple las funciones especificadas en la programación.

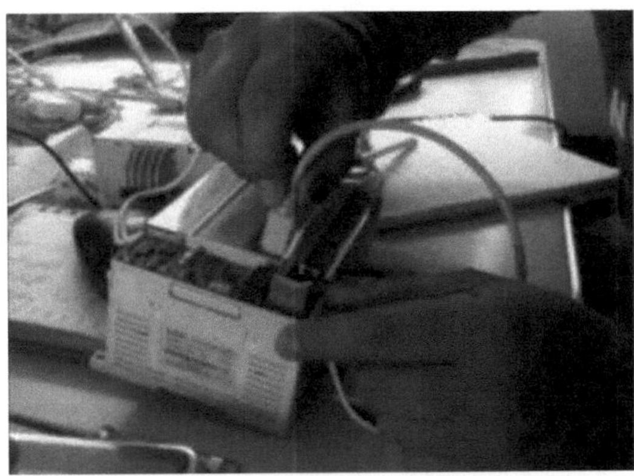

Figura 4.23 Conexión del PLC al PC

La información, una vez terminado el programa se la importa al PLC desde la PC, con la ayuda del software XCPPro, interfaz que se muestra en la figura 4.24.

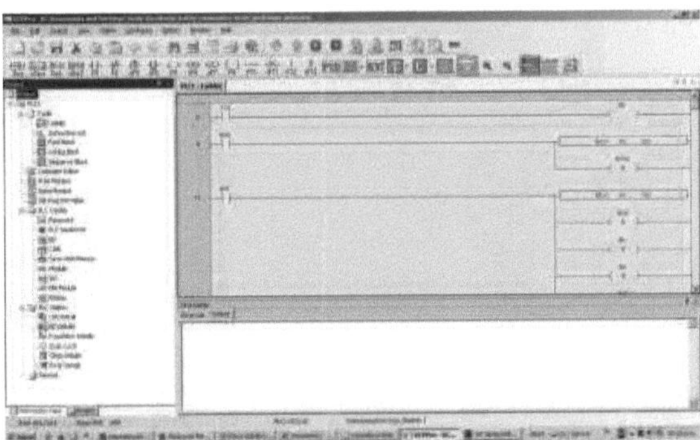

Figura 4.24 Programación del PLC

## 4.4 Ensamblaje del módulo de control electrónico de la suspensión neumática.

El módulo de control, se lo colocó en una caja de protección de metal, cuyas dimensiones son (40 cm x 30 cm x 20 cm).

Una vez colocado el módulo en su contenedor, con la ayuda de pernos se realizó la sujeción del mismo; al estar este ya ubicado en el lugar correspondiente, se realizaron las conexiones necesarias al PLC (Figura 4.25), para que este controle a las electroválvulas según las señales que reciba de los diferentes finales de carreras.

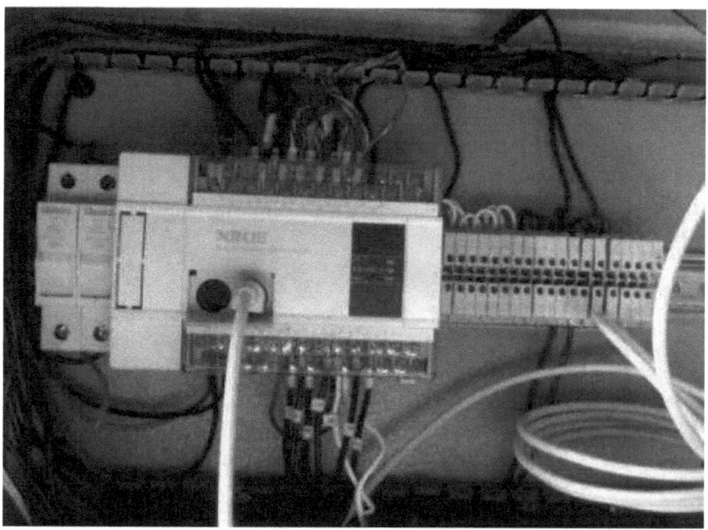

Figura 4.25: PLC Xinje XC3

## 4.5 Instalación del sistema electrónico

En la instalación de los diferentes componentes electrónicos, se utilizaron herramientas básicas (cautín, pinzas, estaño, etc.), mostrados en la figura 4.26.

Figura 4.26: Herramientas usadas en el ensamblaje electrónico

Para la disposición de los cables, de las electroválvulas, finales de carrera y PLC fue necesario realizar diversas perforaciones en la estructura. De esta manera se posicionó según la necesidad las diferentes líneas de cables para las conexiones.

Figura 4.27: Perforaciones a la estructura

Para que los finales de carrera envíen la señal al PLC, se realizo la conexión respectiva de los mismos con la ayuda de los cables y terminales soldados con cautín.

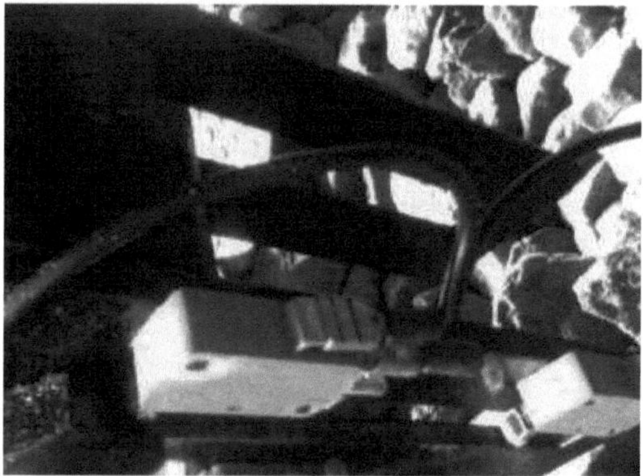

Figura 4.28: Conexiones a los finales de carrera

Con respecto al modulo de control de igual manera se realizo las distintas conexiones a las entradas y salidas del mismo, para que este pueda cumplir su función de gobernar el sistema de suspensión neumática.

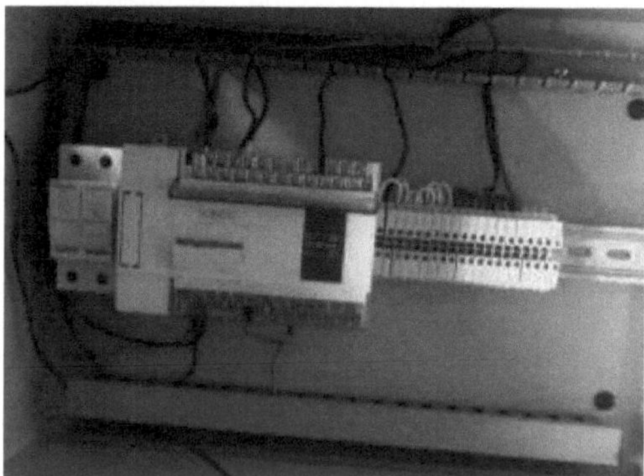

Figura 4.29: Conexiones del PLC

Para evitar confusiones al momento de realizar las diferentes conexiones a los finales de carrera, es necesario etiquetar los cables para tener una idea clara de las conexiones que se deben realizar a cada sensor, caso contrario podemos enviar la señal equivocada al PLC y este no podrá cumplir su trabajo.

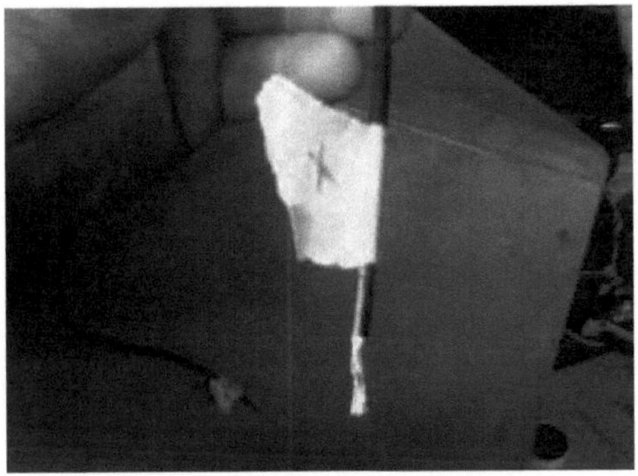

Figura 4.30: Conexión etiquetada

**CAPITULO V**

**PRUEBAS DE FUNCIONALIDAD**

## 5.1. Verificación de errores de ensamblaje

- En el caso del ensamblaje el error más importante que pudimos determinar fue el de la ubicación de los finales de carrera, estos debieron ser ubicados varias veces para que al desplazarse el perno de la ballesta no dañe el pulsador del final de carrera, debido a la ubicación propia de estos elementos en el sistema su ubicación de igual forma fue bastante complicada.

- En el caso de la distribución de pesos, tenemos una descompensación en la parte posterior, misma que es corregida cuando las personas que operaran el banco (2) estén sentadas en el mismo.

- Es importante el que se encuentren bien distribuidos los pesos, ya que al ser muy liviano el banco de pruebas se generan ciertos problemas al vaciarse los pulmones de aire.

- Debido a que se trata de un banco de pruebas estático, no se pueden determinar errores en el desplazamiento, por lo que los inconvenientes que se pueden generar se reducen drásticamente.

- Este banco de pruebas de suspensión neumática, lo que busca generar es un aprendizaje didáctico debido a su simpleza y funcionalidad, lo que predomina en este caso es la sencillez del sistema, sin dejar a lado su robustez y durabilidad.

## 5.2. Pruebas al sistema de control electrónico

- En el caso del sistema de control lo principal que se pudo apreciar es que siempre debe cumplirse la orden que fue dada, es decir que por ejemplo si se necesita que en "Modo Manual" trabaje solamente una rueda hasta la tercera posición, se debe esperar que esta llegue a su fin, en caso de ingresar otra orden al sistema, este dejará de funcionar y será necesario reiniciarlo, se estima que el tiempo promedio en que realiza el actuador el trabajo oscila entre 10 y 20 segundos, esto se debe a que la presión no va a ser constante, y cuando la presión descienda el tiempo de respuesta aumentará.
- La velocidad de trabajo del actuador es independiente del peso que este levante, pero es proporcional a la presión con la que se encuentre trabajando.
- El sistema electrónico que gobierna la maqueta es un PLC, mismo que para su operación necesita de 220 V.
- A continuación se detallan las diferentes pruebas que se realizaron en el sistema de control electrónico:

### 5.2.1 Prueba del módulo de control

Las pruebas realizadas al módulo de control, están relacionadas al funcionamiento del mismo, para este caso probaremos su funcionalidad desde la conexión a 220 V, se probará la interfaz de conexión del módulo con la pantalla ubicada en el panel de control del mismo, esta conexión pantalla/módulo se logra con la utilización de un cable Rs232[20], utilizado para la comunicación de los dos elementos, esto nos permite visualizar la

---

[20] Cable de descarga / PLC Xinje

información que contienen el modulo y a su vez interactuar con el sistema de suspensión neumática, ya que los botones dispuestos en la pantalla nos permitirán enviar la orden para que el sistema trabaje, permitiendo así variar los niveles de altura del banco de pruebas.

A continuación se detalla paso a paso, el funcionamiento del módulo, así como también la interfaz que se muestra en la pantalla para cada caso en el que se desee variar la altura del banco (niveles medio y máximo).

Antes de comenzar a utilizar el banco de pruebas asegúrese de que cuenta con los elementos necesarios:

- Debe contar con una conexión de 220 V caso contrario el equipo neumático (electroválvulas) no podrá realizar su trabajo.
- Tener siempre a la mano el cable Rs232 indispensable para la comunicación entre el modulo y la pantalla.

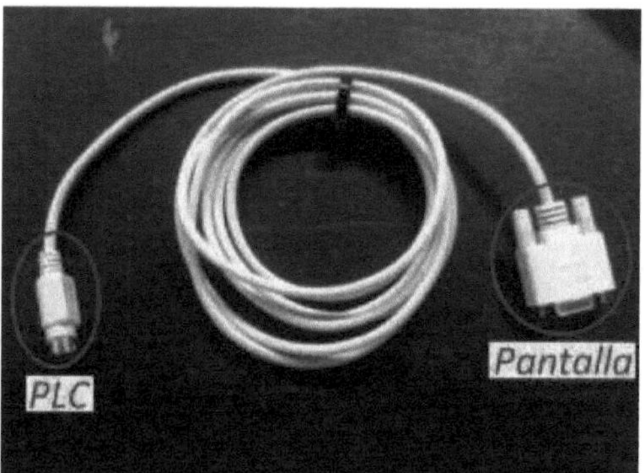


Figura 5.1: Cable Rs232 para conexión PLC/Pantalla

- También asegúrese de contar con la llave de la caja contenedora del módulo, en caso de emergencia o para alguna verificación adicional.

Figura 5.2: Llave para caja del módulo

- Una vez conectado el módulo de control a la toma de corriente 220 V, se lo debe encender usando el interruptor A (figura 5.3).
- En caso de ser necesario y por seguridad del equipo, se colocó un paro de emergencia, mismo que es accionado por el pulsador B (figura 5.3).

Figura 5.3: Interruptor de Encendido y Paro de Emergencia

- Una vez encendido el módulo, la luz testigo C (figura 5.4) del tablero encendida, indicará que el equipo está listo para trabajar.

Figura 5.4: Luz testigo

- Una vez realizado este procedimiento, el módulo de control electrónico se encuentra operativo y en la pantalla aparecerá el mensaje: "CONTROL DE POSICION MOVIL, conectando…", a continuación presione el botón D (figura 5.5).

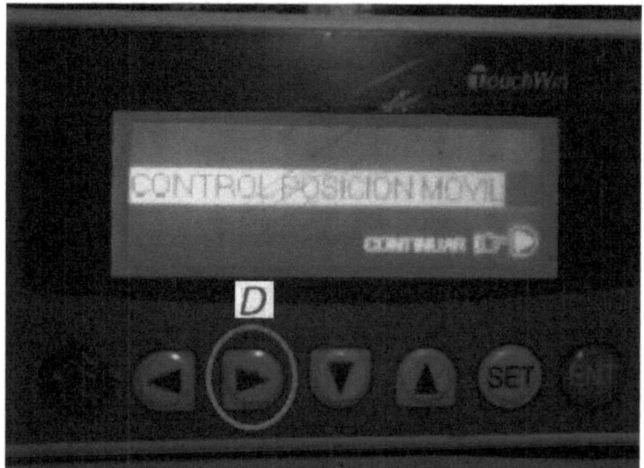


Figura 5.5: Pantalla de Inicio

- Aparecerá la siguiente pantalla (figura 5.6), seleccione el tipo de control que desee, para control *MANUAL* presione el botón E (figura 5.6), para control *AUTOMÁTICO* presione el botón F (figura 5.6).

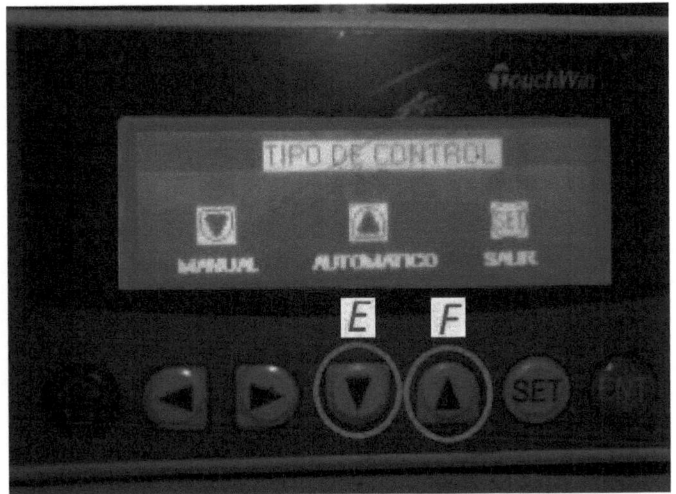


Figura 5.6: Selección del tipo de control

## 5.2.1.1 Control Manual

Esta opción, permite el control individual de los cuatro actuadores dispuestos uno en cada neumático del banco de pruebas, el control puede hacerse un actuador, dos actuadores o tres actuadores a la vez, neumáticos delanteros y posteriores sin importar el orden que usted elija, puede realizar el control.

Para el caso de esta sección mostraremos a continuación el tipo de control que usted puede realizar, cabe mencionar que el actuador que usted desee controlar es independiente del ejemplo que mostraremos a continuación:

- Una vez seleccionado el control *MANUAL*, aparecerá la pantalla (figura 5.7). Realizaremos el control del neumático *DELANTERO DERECHO*, para ello presione el botón D (figura 5.7), y a paso seguido presione el botón *SET* (H) en la figura 5.7.

Figura 5.7: Control Neumático Delantero Derecho

- Se muestra la siguiente pantalla (figura 5.8), en la cual se puede seleccionar el nivel de altura con el que va a trabajar el actuador neumático, para el ejemplo trabajaremos con el nivel *MÁXIMO*.

Para ello presione el botón G (figura 5.8), y a continuación el actuador respectivo iniciará su ciclo de trabajo, una vez finalizado el trabajo del actuador, presione el botón *SET* (H) en la figura 5.8, de esta manera el actuador regresa a su posición inicial para un nuevo ciclo de trabajo.

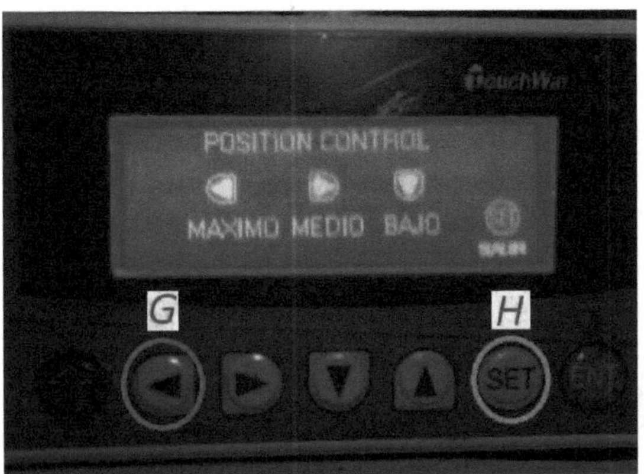


Figura 5.8: Control del Nivel de Altura

- A continuación vamos a realizar el control de dos actuadores a la vez (neumáticos DELANTERO IZQUIERDO y DELANTERO DERECHO), para ello y una vez seleccionado el control *MANUAL,* seleccione los botones G y D (figura 5.9), y a paso seguido presione el botón *SET* (H) en la figura 5.9.

Figura 5.9: Control para dos actuadores a la vez

- Se muestra la siguiente pantalla (figura 5.10), en la cual se puede seleccionar el nivel de altura con el que van a trabajar los actuadores neumáticos, para el ejemplo trabajaremos con el nivel *MÁXIMO*.

Para ello presione el botón G (figura 5.10), y a continuación los actuadores respectivos iniciarán su ciclo de trabajo, una vez finalizado el trabajo del actuador, presione el botón *SET* (H) en la figura 5.10, de esta manera el actuador regresa a su posición inicial para un nuevo ciclo de trabajo.

Figura 5.10: Control del Nivel de Altura para dos actuadores

- Finalmente vamos a realizar el control de tres actuadores a la vez (neumáticos DELANTERO IZQUIERDO, DELANTERO DERECHO y POSTERIOR IZQUIERDO), para ello y una vez seleccionado el control *MANUAL,* seleccione los botones D, E y G (figura 5.11), y a paso seguido presione el botón *SET* (H) en la figura 5.11.

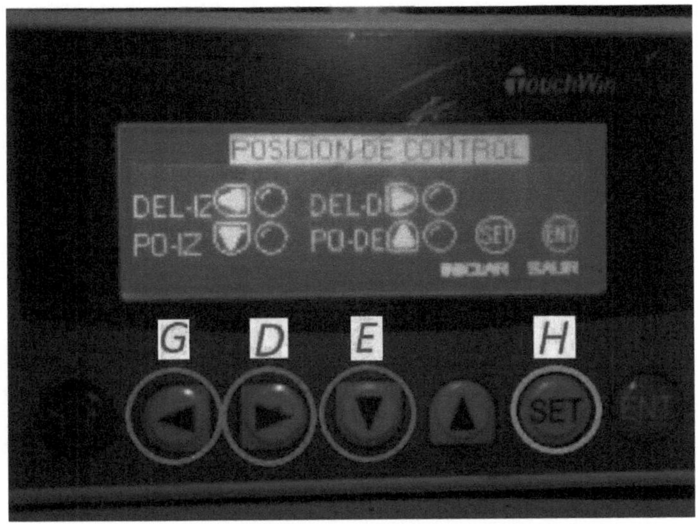

Figura 5.11: Control para tres actuadores a la vez

- Se muestra la siguiente pantalla (figura 5.12), en la cual se puede seleccionar el nivel de altura con el que van a trabajar los actuadores neumáticos, para el ejemplo trabajaremos con el nivel *MÁXIMO*.

Para ello presione el botón G (figura 5.12), y a continuación los actuadores respectivos iniciarán su ciclo de trabajo, una vez finalizado el trabajo del actuador, presione el botón *SET* (H) en la figura 5.12, de esta manera el actuador regresa a su posición inicial para un nuevo ciclo de trabajo.

Figura 5.12: Control del Nivel de Altura

### 5.2.1.2 Control Automático

Esta opción, permite realizar el control de los cuatro actuadores a la vez dispuestos uno en cada neumático del banco de pruebas, es decir puede controlar la altura de los cuatro actuadores al mismo tiempo.

- Una vez seleccionado el control *AUTOMATICO*, aparecerá la pantalla (figura 5.13).

- Para el ejemplo llevaremos los cuatro actuadores hasta el nivel *MEDIO*, para ello presione el botón D (figura 5.13), y a continuación los cuatro actuadores a la vez subirán hacia el nivel *MEDIO*, y a continuación presione el botón *SET* (H) en la figura 5.13, y de esta forma los cuatro actuadores regresaran a su posición inicial, es decir nivel *BAJO*.

Figura 5.13: Control del Nivel de Altura en control Automático

## 5.2.2 Prueba de los finales de carrera

- Los finales de carrera al tratarse de partes mecánicas que están sujetas a diferentes esfuerzos son delicados, es por esta razón que se debe tener especial cuidado con estos elementos.

- El inconveniente principal que se puede tomar en cuenta, es la velocidad del desplazamiento del perno guía de la hoja de ballesta, y la forma de la cabeza del mismo, por lo que fue necesario redondearlas y así conseguir una forma adecuada que no afecte el desempeño normal de los finales de carrera.

- Para el caso del funcionamiento del banco de pruebas se ha dispuesto de 12 finales de carrera, tres para cada neumático.

- En lo correspondiente al nivel de altura del banco se cuenta con un nivel *MEDIO* y un *MÁXIMO,* el nivel BAJO es el nivel inicial, correspondiente a un nivel cero, marcado por cuatro finales de carrera (uno por cada actuador), los cuales están activados desde que se enciende el módulo de control, enviando una senal constante, indicadora de que todos los actuadores neumáticos se encuentran en su nivel más bajo.

- La prueba correspondiente para los finales de carrera se la realiza con la ayuda del módulo, el cual mediante la ayuda de luces indicadoras, muestra que los cuatro finales de carrera están activados (figura 5.14) y enviando la señal requerida para el reconocimiento del nivel *BAJO* de altura, nivel de referencia desde donde iniciaran los actuadores a trabajar.

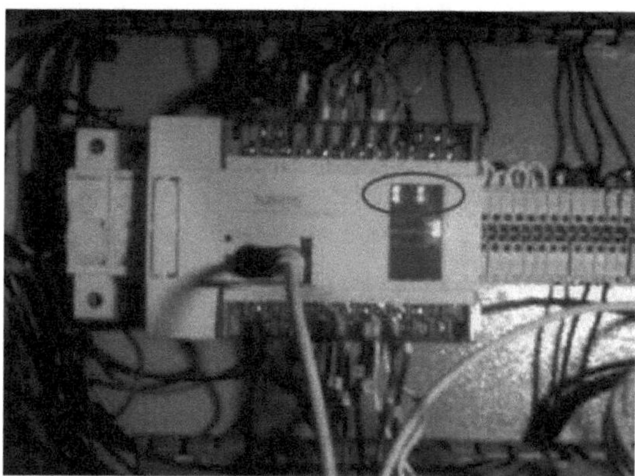

Figura 5.14: Indicadores de finales de carrera activados

- De esta forma simple y sencilla se puede verificar el funcionamiento de los finales de carrera, lo mismo ocurrirá con el resto, es decir cuando estos sean activados se encenderá una luz en el módulo, e indicara que están trabajando normalmente.

## 5.3 Acabados finales

- Entre los acabados finales mas importantes, fue el dimensionamiento de las mangueras y cables, mismos que debían tener la flexibilidad necesaria, para que el sistema trabaje sin tener ningún contratiempo, evitando desconexiones indeseadas y esfuerzos en los mismos.

- Es importante que el principal detalle final sea la seguridad, es por esto que se sobredimensionaron muchos de los componentes, de esta manera se logro obtener una alta fiabilidad en el diseño del banco de pruebas.

- Debido a lo fungible de los finales de carrera se instaló al lado del panel de control, una caja de accesorios y herramientas, mismo que permiten el recambio de estos en caso de daño.

- Como protección para el piso se utilizó un recubrimiento sintético que protege la madera y a su vez facilita la limpieza.

- En el caso de la cabina se colocaron adhesivos, con la finalidad de proteger el material y a la vez, como identificación que el banco de pruebas es un proyecto de la carrera de Ingeniería Automotriz.

**CAPITULO VI**
**CONCLUSIONES Y RECOMENDACIONES**

## 6.1. Conclusiones

- Se diseñó un banco de pruebas controlado electrónicamente, para el laboratorio de Mecánica de Patio de la Universidad de las Fuerzas Armadas ESPE extensión Latacunga.

- Se construyó un banco de pruebas de suspensión neumática controlada electrónicamente, para el laboratorio de Mecánica de Patio de la Universidad de las Fuerzas Armadas ESPE extensión Latacunga.

- Se diseñó la estructura del banco de suspensión neumática, utilizando Solid Works

- Se construyó la estructura del banco de pruebas de suspensión neumática, utilizando un perfil de acero ASTM A36 (50 x 50), de 3mm de espesor.

- Se adaptaron varios elementos al sistema de suspensión neumático, entre ellos: electroválvulas y actuadores neumáticos.

- Se ensambló el circuito electrónico de la unidad de mando de la suspensión neumática, para lo cual se utilizaron finales de carrera normalmente abiertos, que son los encargados de censar la posición de los actuadores neumáticos.

- Se implementó el módulo de control electrónico en el banco de pruebas de suspensión neumática, el mismo fue implementado con un PLC de la marca Xinje.

- Se comprobó la funcionalidad del banco de pruebas de suspensión neumática, realizando varias pruebas al mismo para verificar su correcto funcionamiento.

- Para que el sistema neumático pueda desempeñarse de la manera correcta es necesario tener presión constante en el sistema de alimentación de aire, ya que al descender esta presión el recorrido del actuador (pulmón de aire) se verá afectado y de igual manera lo hará su velocidad de reacción.

- Para un desempeño eficiente del sistema de suspensión neumática es necesario la instalación de un reservorio de aire, de un regulador y un indicador de presión, permitiendo un control de parámetros y un correcto desempeño del banco de pruebas.

- Al acoplar sensores de cualquier tipo (Hall, óptico o magnético) se conseguirá mayor precisión en el censado de las señales enviadas por los actuadores (pulmones de aire).

- Para conseguir de manera exacta los tres niveles de altura que poseen los actuadores (pulmones de aire), es necesario esperar de 10 a 20 segundos, hasta que el actuador llegue a la posición solicitada.

- Se debe tener un perfecto engrase en los tornillos responsables del desplazamiento del actuador para evitar que se traben al desplazarse y esto perjudique el funcionamiento normal de los actuadores.

- Para iniciar la operación del sistema es necesario que el módulo de control (PLC) reconozca un nivel "cero", esto se logra con la posición inicial del final de carrera, el cual  debe estar accionado desde el principio, ya que de esta manera el PLC podrá censar la posición e iniciará el trabajo de los actuadores.

- Debido al diseño que se realizó en el banco de suspensión neumática, se puede tener un cambio de rueda únicamente inflando tres actuadores, siendo esto muy útil y aplicable en vehículos de producción en serie.

- Debido a la configuración del PLC y al voltaje con que trabajan las electroválvulas, es necesario contar con una conexión a 220 V, no es necesario disponer de un cable con un diámetro elevado, es suficiente con el cable gemelo # 16.

- Debido a la configuración del banco de pruebas, se limitó en 3,5 cm. El desplazamiento total del pulmón de aire, de esta manera se pretende compensar las pérdidas de presión que sufre el compresor.

## 6.2. Recomendaciones

- Para el caso de la presente investigación es importante el continuar con la misma, ya que debido a la versatilidad del diseño se puede permitir la implementación de proyectos complementarios entre estos, implementación de otros sistemas automotrices y relacionados a la maquinaria pesada, como pueden ser por ejemplo:
    o Implementación de un módulo de control a distancia para el sistema de suspensión neumático.
    o Implementación de actuadores neumáticos/hidráulicos en la parte posterior del banco de suspensión neumática, para la adaptación de una volqueta.
    o Implementación de un sistema de dirección electrónica en el banco de suspensión neumática.

- En este caso, para nuestra investigación, es necesario utilizar la máxima presión del compresor, ya que al descender la presión, el actuador no trabajará de manera óptima, ya que su desplazamiento será menor y su tiempo de respuesta igual.

- Debido al dimensionamiento del banco (1.5 m x 3.5 m) y al material que se utilizó para su construcción, se puede ser considerado a futuro para la implementación de proyectos complementarios, de esta manera el presente proyecto puede convertirse en un banco de pruebas muy completo, con sistemas automotrices que posean tecnología de punta.

- Otra implementación que es aconsejable realizar en el banco, es la adaptación de un motor eléctrico que unido a un compresor y a un reservorio, siempre suministre aire a una presión constante al sistema.

- Entre los proyectos que pueden servir como complemento a esta investigación, también podemos adentrarnos en la utilización de diferentes tipos de sensores, los mismos que darán mayor precisión en el trabajo del sistema, su inconveniente es el precio ya que este tipo de sensores (Hall) tienen un costo de $400,00 dólares aproximadamente, es por este motivo que los sistema de suspensión neumática son utilizados en vehículos pesados o de muy alta gama.

- En caso de interrumpir el tiempo necesario para el accionamiento de los actuadores de la suspensión neumática, es necesario reiniciar el sistema, por lo que se recomienda tener un lapso comprendido de 10 a 20 segundos para que el actuador realice su trabajo.

- Debido a la forma de la construcción y a los materiales utilizados en la misma, se tiene ciertos inconvenientes con el trabajo de los elementos, mismos que en su mayoría son superados utilizando grasa para que estas pérdidas mecánicas disminuyan considerablemente.

- En caso de realizar un cambio de llanta, utilizando el sistema neumático del banco de pruebas, se deben tomar las medidas de seguridad necesarias para evitar accidentes.

- Se deben tener en cuenta las diferentes medidas de seguridad al encender el módulo de control ya que trabaja con 220 V, es por esa razón que el banco incorpora un conector propio, no se debe manipular en caso de que el mismo se encuentre en mal estado.

- Es importante, mantener el banco de pruebas en un ambiente sin exceso de humedad y evitar sobrecargarlo, esto debido a la seguridad de los componentes electrónicos.

- Es importante la verificación de los finales de carrera, ya que de estos depende el buen funcionamiento del banco de pruebas, además es imprescindible que estos trabajen óptimamente, enviando la senal al módulo para de esta manera cortar el paso de aire a los actuadores, caso contrario el exceso de presión puede afectar al actuador neumático.

- Se debe tener en cuenta que el fin de este banco de pruebas es didáctico, por lo que se debe evitar jugar en el mismo o realizar actividades diferentes a la didáctica o práctica realizada en el taller.

- Es importante que cuando los pulmones estén desinflados totalmente, no se cargue con un exceso de peso a la estructura del banco de pruebas, ya que pueden sufrir danos y afectar su funcionamiento.

## 6.3. Bibliografía


- SANTANDER RUEDA, J. 2012, "Técnico en Mecánica y Electrónica Automotriz". (7ª. Ed.) Colombia: Diseli,

- GIL MARTINEZ, H. 2011, "Manual Práctico del Automovil: Reparación y Mantenimiento". (5ª. Ed) España: Cultural S.A,
- HERMOGENES GIL., 2013, "Manual Práctico del Automovil". (5ª. Ed) España: Cultural S.A.
- ROLDÁN VILORIA JOSÉ. 2013, Neumática, hidráulica y electricidad aplicada, (3ª. Ed.) Editorial Acuarium,
- JOSÉ MANUEL ALONSO., (2012) CIRCUITO DE FLUIDOS Y SUSPENSIÓN Y DIRECCIÓN, (2ª. Ed), Editorial Paraninfo, Madrid España,


## 6.4. Netgrafía


- Barras Estabilizadoras (2014, 4 de marzo). Wikipedia. Disponible en: http://es.wikipedia.org/wiki/Barra_estabilizadora 2014-02-13
- Bujes (2014, 4 de marzo). Wikipedia. Disponible en: http://es.wikipedia.org/wiki/Buje 2014-02-13
- Actuadores Neumáticos (2014, 8 de marzo). Euro Partes. Disponible en: http://www.euro4x4parts.com
- Suspensión Automotriz (2014, 20 de marzo). Blog de suspensión. Disponible en: suspensionautomotriz1993.blogspot.com
- Xinje PLC (2014, 20 de marzo). Xinje.com. Disponible en: http://es.aliexpress.com/item/Xinje-XC3-serie-PLC-XC3-32R-E-18-point-NPN-Inputs-14-point-Relay-Outputs-AC220V/871616681.html
- Acero ASTM A36 (2014, 30 de marzo). Scribd. Disponible en: http://es.scribd.com/doc/89693272/Acero-ASTM-A36
- Suspensión (2014, 6 de abril). Aficionados a la mecánica. Disponible en: http://www.aficionadosalamecanica.net/suspension9.htm

yes

**I want** morebooks!

Buy your books fast and straightforward online - at one of the world's fastest growing online book stores! Environmentally sound due to Print-on-Demand technologies.

Buy your books online at

# www.get-morebooks.com

¡Compre sus libros rápido y directo en internet, en una de las librerías en línea con mayor crecimiento en el mundo! Producción que protege el medio ambiente a través de las tecnologías de impresión bajo demanda.

Compre sus libros online en

# www.morebooks.es

SIA OmniScriptum Publishing
Brivibas gatve 1 97
LV-103 9 Riga, Latvia
Telefax: +371 68620455

info@omniscriptum.com
www.omniscriptum.com

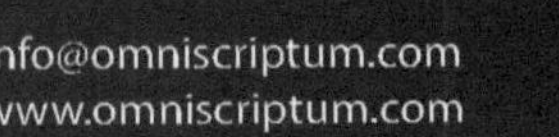

Printed by Books on Demand GmbH, Norderstedt / Germany